MATHEMATIK
Natürliche Zahlen

Klasse 5

Maße und Gewichte

Klaus Schelper

TANDEM
VERLAG

Der Text dieses Buches entspricht den Regeln der neuen deutschen Rechtschreibung.

www.tandem-verlag.de

ISBN 3-89731-577-7

Genehmigte Sonderausgabe für den Tandem Verlag GmbH, Königswinter

Umschlaggestaltung: Liselotte Lüddecke, Hannover
Illustrationen: E. Neuss, Hannover

Gesamtherstellung: Tandem Verlag GmbH, Königswinter

Das Buch stellt sich vor

Dieser Band hilft dir mit einer Fülle von Übungen, Sicherheit im Umgang mit natürlichen Zahlen und mit Maßen und Gewichten zu bekommen. Kurze, klar strukturierte Lerneinheiten verhelfen zu motiviertem Arbeiten und führen Schritt für Schritt zum Lernerfolg.

Der Autor, Klaus Schelper, ist ein erfahrener Pädagoge, der über eine langjährige Unterrichtspraxis im Fach Mathematik verfügt.

An wen richtet sich dieser Band?

An alle,
- die durch selbstständiges Arbeiten ihre Schulnoten verbessern wollen,
- die bereits vorhandenes Wissen auffrischen und wiederholen möchten,
- die Spaß daran haben, Neues zu lernen.

Zu jeder Übung findest du im Anhang die Lösungen. Das ermöglicht dir selbständiges Arbeiten und sorgt dafür, dass sich Fehler erst gar nicht festsetzen.

Die folgenden Elemente begleiten dich beim Lernen und geben dir einen Überblick:

TIPPS + HILFEN! Die Tipps + Hilfen erklären dir, wie du leichter lernen kannst und geben dir Hilfestellungen zum Lösen der Aufgaben.

UNBEDINGT MERKEN! Unter diesem Symbol findest du Regeln und Merksätze verständlich formuliert.

ZUSAMMENFASSUNG! Am Ende eines Kapitels wird in einer Zusammenfassung das Wesentliche noch einmal festgehalten.

TEST Schließlich kannst du zum Abschluss eines Kapitels dein erlerntes und geübtes Wissen in einem Test selbst überprüfen.

So, nun kann es aber losgehen. Wir wünschen dir viel Spaß beim Üben!

Die Redaktion

Alles über die natürlichen Zahlen – leicht verständlich gemacht

Im täglichen Leben benutzen wir sehr oft Zahlen.
- Wir benutzen sie, um eine Anzahl anzugeben.
- Wir benutzen sie, um eine Größe anzugeben.
- Wir benutzen sie, um eine Reihenfolge anzugeben.
- Wir benutzen sie, um die vier Grundrechenarten durchzuführen.

Verwendung der Zahlen

UNBEDINGT MERKEN!
Die Zahlen 0, 1, 2, 3, 4, 5 … heißen natürliche Zahlen. Mit ihnen kann man zählen, messen, ordnen und rechnen.

1. Wozu werden die Zahlen in diesen Beispielen benutzt?

a)

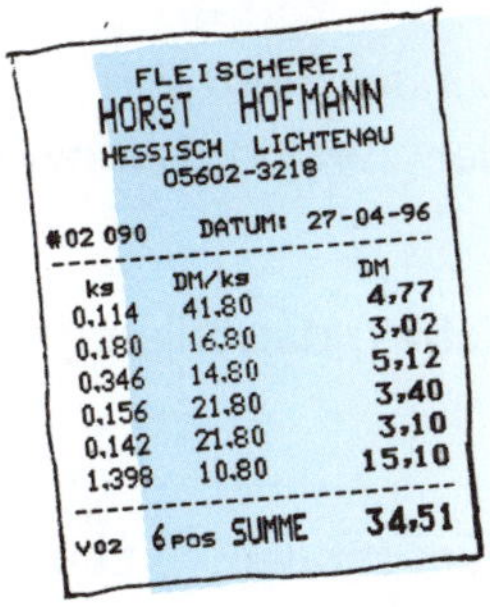

b)

c)

d)

Darstellung der Zahlen im Zehnersystem

UNBEDINGT MERKEN!

Für die Darstellung der natürlichen Zahlen im Zehnersystem verwendet man die Ziffern 0, 1, 2, 3, 4, 5, 6, 7, 8 und 9. Von rechts nach links gelesen geben die Ziffern die Einer, die Zehner, die Hunderter, die Tausender, die Zehntausender, ... an. Den Wert einer Ziffer bestimmt die Stelle, an der sie in der Zahl steht. Zehn Einer (E) werden zu einem Zehner (Z), zehn Zehner zu einem Hunderter (H), zehn Hunderter zu einem Tausender (T), zehn Tausender zu einem Hunderttausender (HT), zehn Hunderttausender zu einer Million (Mio.), ... zusammengefasst.

·10	·10	·10	·10	·10	·10	
1 000 000	100 000	10 000	1 000	100	10	1
Mio.	HT	ZT	T	H	Z	E
3	2	0	5	4	1	7
	3	2	1	6	2	2
		2	3	0	4	5

Die Zahlen in der Stellentafel werden gelesen:
drei Millionen zweihundertfünftausendvierhundertsiebzehn
dreihunderteinundzwanzigtausendsechshundertzweiundzwanzig
dreiundzwanzigtausendfünfundvierzig

Im Zehnersystem kann man beliebig große Zahlen darstellen. Jeder Dreierblock hat einen eigenen Namen.

Billionen	Milliarden			Millionen			Tausender			Einer		
.... Bio.	HMd.	ZMd.	Md.	HMio.	ZMio.	Mio.	HT	ZT	T	H	Z	E
7	0	8	9	6	5	4	2	0	1	0	7	3

1 Tausender	= 1000 Einer	=	1000
1 Million	= 1000 Tausender	=	1000 000
1 Milliarde	= 1000 Millionen	=	1000 000 000
1 Billion	= 1000 Milliarden	=	1000 000 000 000

1. Schreibe die Zahlen mit Ziffern.

a) zweiundsiebzig Millionen dreihundertvierundvierzigtausendsechshundertzwölf

____

b) dreihundertzwei Milliarden fünfunddreißig Millionen sechshundertdreiundsiebzigtausendelf

____

c) sechzehn Billionen einhundertfünfzig Milliarden sieben Millionen zweihunderttausendneunhundertdrei

____

2. Welchen Wert hat die Ziffer 5, wenn sie an der folgenden Stelle steht?

a) 4. Stelle: __________ b) 7. Stelle: __________

3. Welchen Wert hat die Ziffer 2 bei den folgenden Zahlen?

a) 5 216: __________ b) 102 650: __________

c) 72 456 930: __________ d) 2 608 377 433: __________

4. Wie heißt die kleinste Zahl mit der folgenden Anzahl der Stellen?

a) vier Stellen: __________ b) sieben Stellen: __________

c) neun Stellen: __________ d) zwölf Stellen: __________

5. Bilde mit den Zahlenkarten die folgenden Zahlen.

a) die größte und die kleinste zehnstellige Zahl:

____

b) die größte und die kleinste siebenstellige Zahl:

____

Anordnung der Zahlen · Zahlenstrahl

UNBEDINGT MERKEN!

Die natürlichen Zahlen kann man auf einem Zahlenstrahl aufreihen. Dem Anfangspunkt des Strahls ordnet man die Zahl 0 zu.

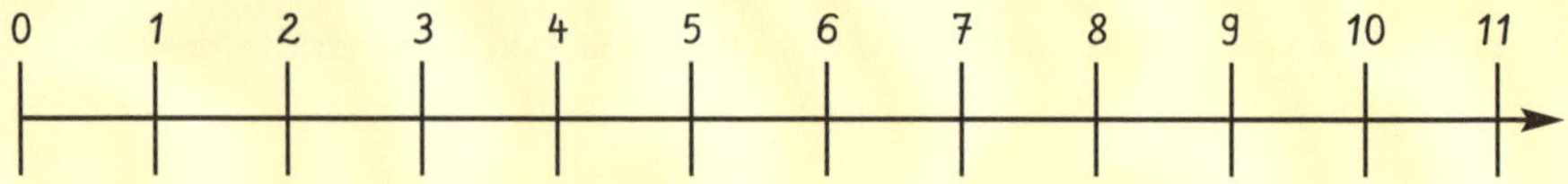

Wenn der Abstand zwischen zwei benachbarten Zahlen verkleinert wird, dann kann man größere Zahlenbereiche darstellen.

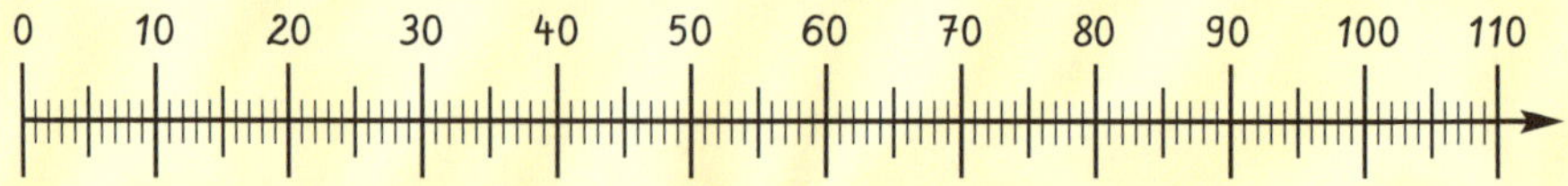

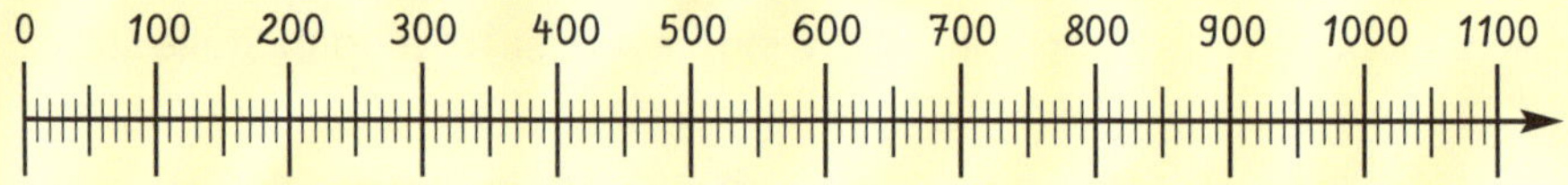

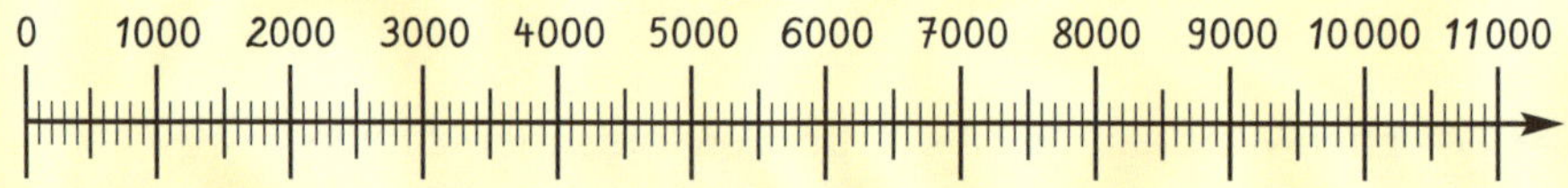

Am Zahlenstrahl kannst du erkennen, dass
- die Folge der natürlichen Zahlen unbegrenzt ist,
- außer der Zahl 0 jede Zahl genau einen Nachfolger und einen Vorgänger hat,
- von zwei Zahlen die größere stets rechts von der kleineren steht.

1. Wie heißen die Zahlen, die mit einem blauen Strich markiert sind?

a)

b)
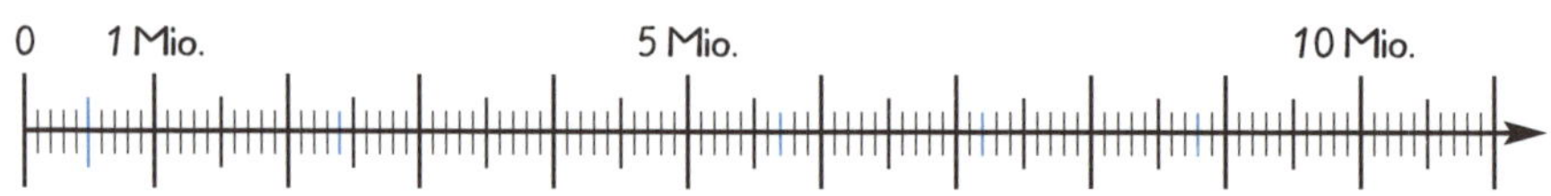

c)
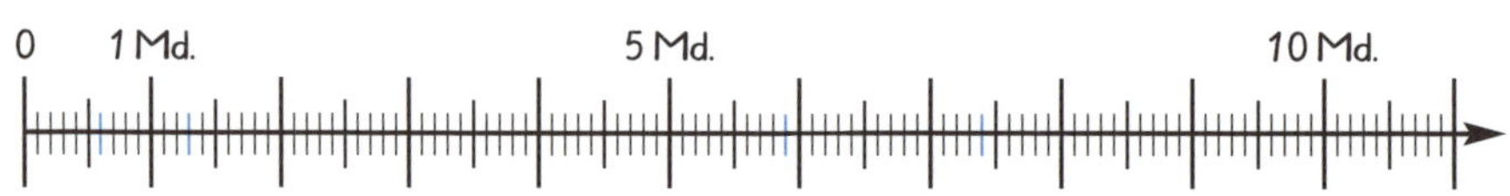

1. Wie heißt der Vorgänger und der Nachfolger der Zahl?

a) ___ 99 ___ b) ___ 77 500 ___ c) ___ 3 900 000 ___

TIPPS + HILFEN!

Auf dem Zahlenstrahl kannst du erkennen, welche Zahl die kleinere (größere) ist. Du kannst aber auch an den Ziffern erkennen, welche von zwei Zahlen die kleinere (größere) ist.

- Du vergleichst die Anzahl der Ziffern beider Zahlen. Wenn sie nicht gleich sind, dann ist die Zahl mit der kleineren Anzahl der Ziffern die kleinere Zahl von beiden und umgekehrt.

  257 399 < 62 573 990, denn 257 399 hat weniger Ziffern als 62 573 990.

- Du vergleichst die Anzahl der Ziffern beider Zahlen. Wenn sie gleich sind, dann vergleiche die Ziffern von links nach rechts an der gleichen Stelle. Es entscheidet dann die erste Stelle, bei der verschiedene Ziffern vorkommen.

  507 189
  507 199 } 507 189 < 507 199, denn 8 Zehner sind weniger als 9 Zehner.

2. Setze das richtige Zeichen ein (< oder >).

a) 678 ___ 786 b) 10 010 ___ 10 001 c) 83 045 ___ 83 054

d) 18 305 ___ 1 853 e) 1 295 ___ 1 259 f) 54 309 812 ___ 54 309 801

3. Ordne die Zahlen 242 978, 32 509, 5 087, 242 789, 508 und 36 612 nach der Größe.

a) ______ < ______ < ______ < ______ < ______ < ______

Runden der Zahlen und Überschlag

Herr Ringleb hat 50 € bei sich. Er kauft im Supermarkt Getränke für 11,05 €, Obst für 8,72 €, Fleisch und Wurst für 18,95 €. Reicht sein Geld noch für eine Packung Kaffee für 3,87 €?

Lösung:
Herr Ringleb macht eine Überschlagsrechnung mit gerundeten Beträgen:
11 € + 9 € + 19 € = 39 €   50 € – 39 € = 11 €

Antwort:
Ja. Er hat noch ungefähr 11 € übrig.

UNBEDINGT MERKEN!
Oft ist es sinnvoll, große Zahlen zu runden, damit man sie sich besser merken und leichter mit ihnen rechnen kann.
Die Rundungsstelle bleibt unverändert, wenn die nächstfolgende Ziffer eine 0, 1, 2, 3 oder 4 ist. Sie wird um 1 erhöht, wenn die nächstfolgende Ziffer eine 5, 6, 7, 8 oder 9 ist.

Die Zahl 236 792 wird auf Zehner, Hunderter, Tausender, … gerundet.

Z: 236 792 ≈ 236 790 Die Zehnerstelle bleibt unverändert.
H: 236 792 ≈ 236 800 Die Hunderterstelle wird um 1 erhöht.
T: 236 792 ≈ 237 000 Die Tausenderstelle wird um 1 erhöht.
ZT: 236 792 ≈ 240 000 Die Zehntausenderstelle wird um 1 erhöht.
HT: 236 792 ≈ 200 000 Die Hunderttausenderstelle bleibt unverändert.

Das Zeichen ≈ lesen wir: ist ungefähr gleich.

1. Runde die Produktionszahlen der vier größten Fahrzeughersteller der Welt auf Hunderttausender.

General Motors 6 865 828 ≈ ____________________

Ford 5 744 294 ≈ ____________________

Toyota 4 487 891 ≈ ____________________

Volkswagen 3 285 696 ≈ ____________________

1. Runde die Zahlen jeweils auf die angegebene Rundungsstelle.

5 452 738 ≈ 5 452 740	5 452 738 ≈ 5 450 000
5 452 738 ≈ 5 452 700	5 452 738 ≈ 5 500 000
5 452 738 ≈ 5 453 000	5 452 738 ≈ 5 000 000

a) 2 295 381 ≈ ______ 2 295 381 ≈ ______

2 295 381 ≈ ______ 2 295 381 ≈ ______

2 295 381 ≈ ______ 2 295 381 ≈ ______

b) 78 554 ≈ ______ 78 554 ≈ ______

78 554 ≈ ______ 78 554 ≈ ______

c) 661 495 372 ≈ ______ 661 495 372 ≈ ______

661 495 372 ≈ ______ 661 495 372 ≈ ______

661 495 372 ≈ ______ 661 495 372 ≈ ______

UNBEDINGT MERKEN!

Überschlagsrechnungen dienen auch zur Kontrolle. Man macht sie mit gerundeten Zahlen. Die Zahlen rundet man so, dass man im Kopf rechnen kann.

1 827 + 984 = 2 811	Überschlag: 1 800 + 1 000 = 2 800
9 105 − 2 967 = 6 138	Überschlag: 9 100 − 3 000 = 6 100
4 718 · 5 308 = 25 043 144	Überschlag: 5 000 · 5 000 = 25 000 000
50 025 : 69 = 725	Überschlag: 49 000 : 70 = 700

2. Überschlage. Kannst du dabei falsche Ergebnisse entdecken? Schreibe wie im Beispiel.

a) 74 989 + 19 856 = 104 845 **f** Ü.: 75 000 + 20 000 = 95 000

b) 4 023 + 2 851 = 6 874 ☐ Ü.: ______

c) 526 + 384 + 691 = 1 701 ☐ Ü.: ______

d) 81 205 − 22 959 = 52 246 ☐ Ü.: ______

e) 1 974 − 943 − 587 = 484 ☐ Ü.: ______

f) 389 · 51 = 22 839 ☐ Ü.: ______

g) 3 160 : 39 = 80 ☐ Ü.: ______

Zeichnerische Darstellung der Zahlen

1994 produzierten die Bürgerinnen und Bürger des Werra-Meißner-Kreises 54 200 t Hausmüll. Dieser Müll setzte sich, wie das Streifendiagramm veranschaulicht, aus 18 600 t Restmüll, 18 000 t Bioabfall, 7 800 t Altglas, 4 600 t Sperrmüll, 3 200 t Altpapier, 1 800 t Gelber Sack und 200 t Sonderabfall zusammen. 5 mm ≙ 1 000 t.
Wir lesen: 5 mm entsprechen 1 000 t.

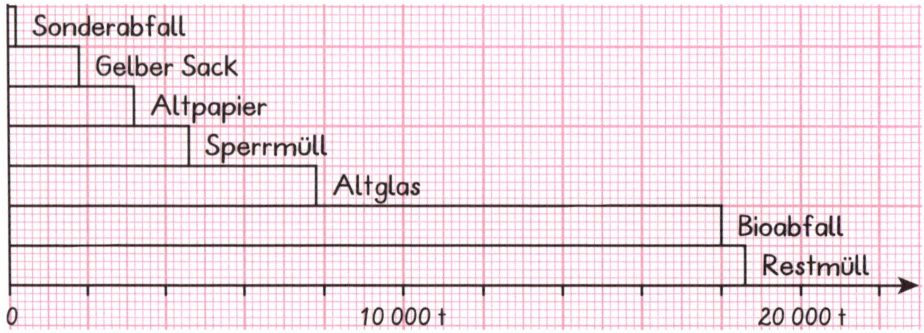

Eine Befragung von 1 000 Haushalten hatte folgendes Ergebnis. 260 Haushalte hatten einen Hund, 180 Haushalte eine Katze. Ein Bilddiagramm veranschaulicht die Zahlen. Dem Symbol [Katze] bzw. [Hund] entsprechen 10 Tiere.

1. Das folgende Diagramm gibt Auskunft über die Anzahl der Passagiere auf den größten Flughäfen der Welt im Jahr 1993. Lies die Anzahl der Passagiere für die einzelnen Flughäfen ab.
1 mm ≙ 1 000 000 Passagiere.

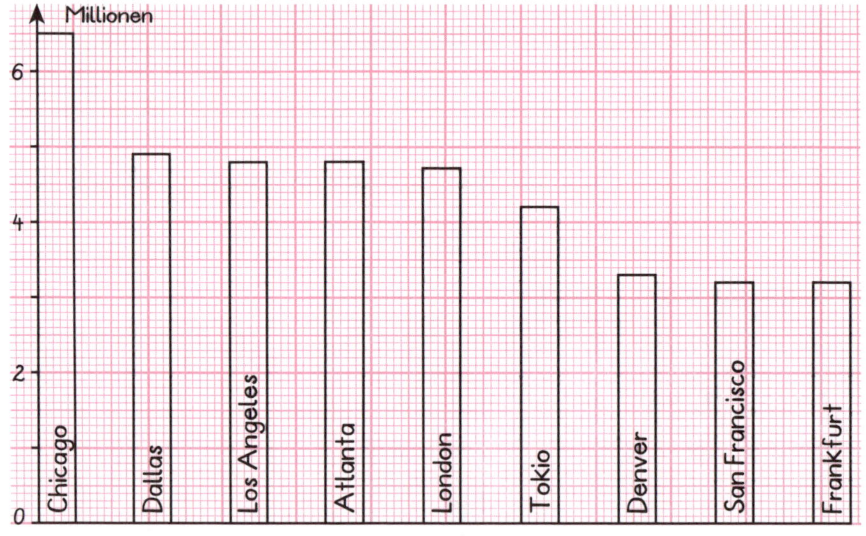

1. Heute gibt es weltweit 10 Mega-Städte mit mehr als 10 Millionen Einwohnern: Tokio 24,4 Mio., São Paulo 18,1 Mio., New York 16,1 Mio., Mexiko-Stadt 15,1 Mio., Shanghai 13,4 Mio., Bombay 12,2 Mio., Los Angeles 11,5 Mio., Buenos Aires 11,4 Mio., Seoul 11,0 Mio., Rio de Janeiro 10,9 Mio. Vervollständige das Streifendiagramm. Runde die Zahlen auf Millionen. Für die Umrechnung wähle 5 mm ≙ 1 000 000 Einwohner.

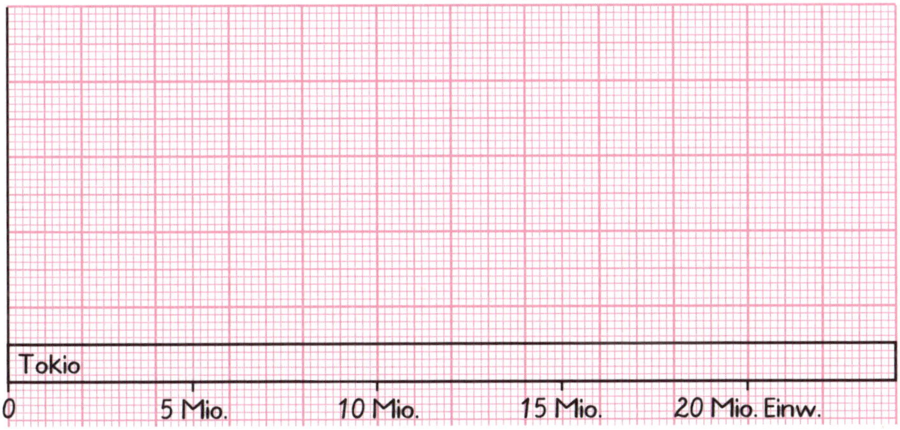

2. Die 6 größten Erdöl produzierenden Länder der Welt waren 1994: Saudi-Arabien 403 Mio. t, USA 393 Mio. t, Russland 316 Mio. t, Iran 181 Mio. t, Mexiko 157 Mio. t, China 144 Mio. t. Vervollständige das Bilddiagramm. Runde die Zahlen auf Zehnermillionen. Für die Umrechnung wähle ▯ ≙ 20 Mio. t.

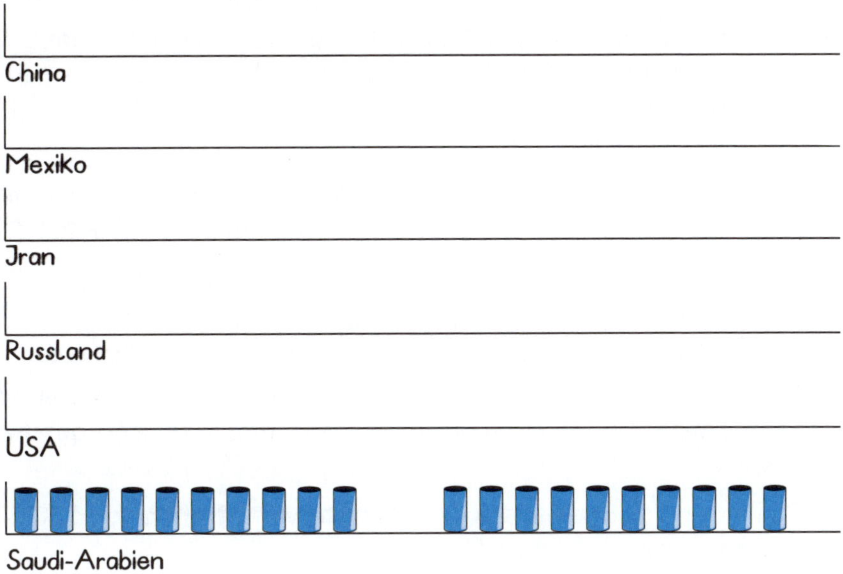

ZUSAMMENFASSUNG!

Wenn du über die **natürlichen Zahlen** Bescheid weißt, dann kannst du die Grundrechenarten leichter und sicherer ausführen.

1. Zum Zählen, Messen, Ordnen und Rechnen benutzen wir Zahlen. Sie werden mit den **Ziffern 0, 1, 2, 3, 4, 5, 6, 7, 8 und 9** geschrieben. Von rechts nach links gelesen geben die Ziffern einer Zahl **die Einer, die Zehner, die Hunderter, die Tausender,** … an.

2. Im **Zehnersystem** hat jeder Dreierblock einen eigenen Namen.

Billionen	Milliarden			Millionen			Tausender			Einer		
… Bio.	HMd.	ZMd.	Md.	HMio.	ZMio.	Mio.	HT	ZT	T	H	Z	E
7	0	8	9	6	5	4	2	0	1	0	7	3

1 Tausender	= 1 000 Einer	=	1 000
1 Million	= 1 000 Tausender	=	1 000 000
1 Milliarde	= 1 000 Millionen	=	1 000 000 000
1 Billion	= 1 000 Milliarden	=	1 000 000 000 000

3. Am **Zahlenstrahl** kannst du erkennen, dass
   - die Folge der natürlichen Zahlen unbegrenzt ist,
   - außer der Zahl 0 jede Zahl genau einen Nachfolger und einen Vorgänger hat,
   - von zwei Zahlen die größere stets rechts von der kleineren steht.

4. Zahlen kann man **runden**. Die Rundungsstelle bleibt unverändert, wenn die nächstfolgende Ziffer eine 0, 1, 2, 3 oder 4 ist. Sie wird um 1 erhöht, wenn die nächstfolgende Ziffer eine 5, 6, 7, 8 oder 9 ist. Das Zeichen ≈ liest man *ist ungefähr gleich*.

5. **Überschlagsrechnungen** dienen zur Kontrolle. Man macht sie mit gerundeten Zahlen. Die Zahlen rundet man so, dass man im Kopf rechnen kann.

   1 827 + 984 = 2 811 — Überschlag: 1 800 + 1 000 = 2 800
   4 718 · 5 308 = 25 043 144 — Überschlag: 5 000 · 5 000 = 25 000 000

6. Wenn man bei einer großen Anzahl die genaue Anzahl nicht ermitteln kann oder sie nicht erforderlich ist, dann gibt man eine **geschätzte Anzahl** an.

7. Zahlen und Größen lassen sich mithilfe von **Streifen- und Bild-Diagrammen** veranschaulichen.

2 KAPITEL

Mit natürlichen Zahlen rechnen

Eine Grundschule hatte vor den Sommerferien 308 Kinder. Aus den 4. Klassen gingen 79 Kinder ab. Zu Beginn des neuen Schuljahres wurden 68 Schulanfänger aufgenommen. Wie viele Kinder waren es nach den Sommerferien?

Lösung: $308 - 79 + 68 =$ $\quad 308 - 79 = 229$ $\quad 229 + 68 = 297$
Antwort: Sie hatte 297 Kinder.

Addieren und Subtrahieren

Fachausdrücke

UNBEDINGT MERKEN!

Um sich besser verständigen zu können, hat man für das Addieren und Subtrahieren Fachausdrücke eingeführt: 229 + 68 oder 308 – 79 nennt man auch einen **Term**.

Der Term 229 + 68 wird auch **Summe** genannt.

1. Summand + 2. Summand = Summe
$229 \quad + \quad 68 \quad = \quad 297$

Der Term 308 – 79 wird auch **Differenz** genannt.

Minuend – Subtrahend = Differenz
$308 \quad - \quad 79 \quad = \quad 229$

1. Addiere die nebeneinander liegenden Zahlen. Schreibe die Summe in das Feld darüber.

a)

b)

2. Subtrahiere die nebeneinander liegenden Zahlen. Schreibe die Differenz in das Feld darunter.

a)

b)
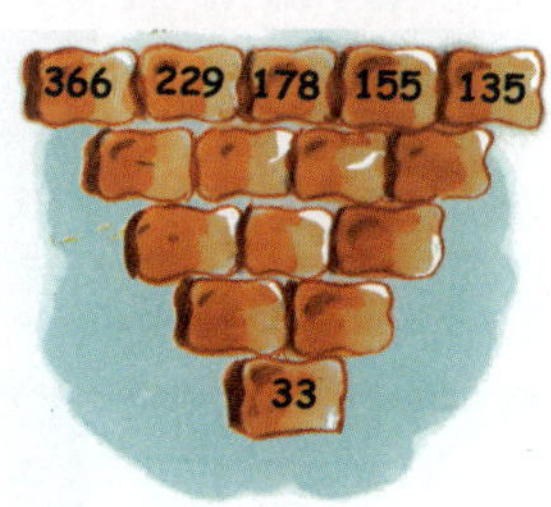

1. Berechne die Terme und trage die Ergebnisse in das Kreuzzahlrätsel ein.

a)

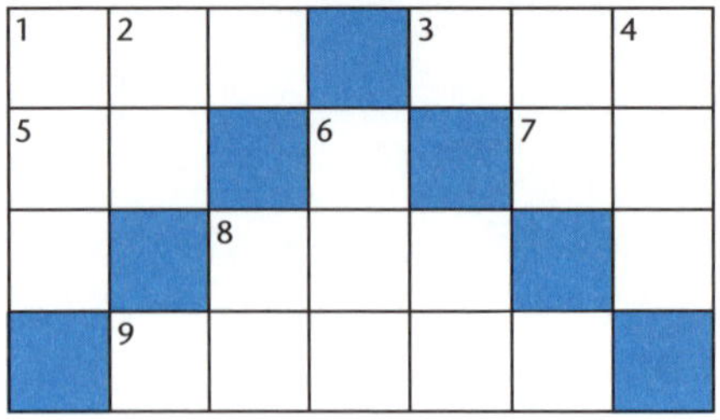

waagerecht:

1. Berechne die Summe aus den Summanden 399 und 36.
3. Berechne die Differenz aus den Zahlen 600 und 64.
5. Addiere 17 zur Summe der Zahlen 19 und 9.
7. Addiere zu 50 die Differenz der Zahlen 100 und 57.
8. Subtrahiere von 850 die Summe der Zahlen 27 und 18.
9. Zu welcher Zahl musst du 200 addieren, um 15 000 zu erhalten?

senkrecht:

1. Berechne die Differenz der Zahlen 500 und 57.
2. Welche Zahl musst du von 87 subtrahieren, um 52 zu erhalten?
4. Zu welcher Zahl musst du 62 addieren, um 700 zu erhalten?
6. Subtrahiere von 400 die Summe der Zahlen 38 und 54.

b)

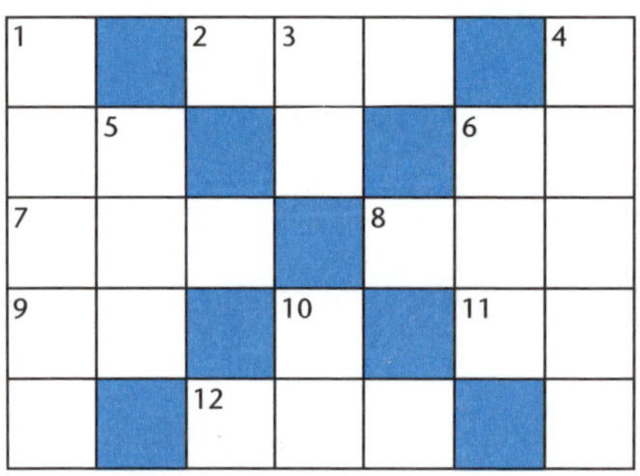

waagerecht:

2. Von welcher Zahl musst du 95 subtrahieren, um 490 zu erhalten?
6. Subtrahiere von 100 die Differenz der Zahlen 90 und 24.
7. Addiere zu 300 die Differenz der Zahlen 98 und 39.
8. Berechne die Differenz der Zahlen 5 010 und 4 014.
9. Addiere zu 18 die Differenz der Zahlen 1 300 und 1 268.
12. Addiere zu 400 die Summe der Zahlen 140 und 135.

senkrecht:

1. Berechne die Summe aus den Summanden 19 000, 2 700 und 650.
3. Zu welcher Zahl musst du 72 addieren, um 160 zu erhalten?
4. Berechne die Differenz der Zahlen 100 000 und 15 400.
5. Welche Zahl musst du von 2 450 subtrahieren, um 1 500 zu erhalten?
6. Berechne die Summe aus den Zahlen 197 und 198.
10. Von welcher Zahl musst du 58 subtrahieren, um 39 zu erhalten?

1. Setze die Ziffern 2, 3 und 4 wie im Beispiel ein und berechne die Summe. Verwende jede Ziffer nur einmal.

3 4 + 2 = 3 6

a) Die Summe soll größer als in der Beispielaufgabe sein.

☐☐ + ☐ = ☐☐   ☐☐ + ☐ = ☐☐

b) Die Summe soll kleiner als in der Beispielaufgabe sein.

☐☐ + ☐ = ☐☐   ☐☐ + ☐ = ☐☐

2. Setze die Ziffern 6, 7, und 8 wie in der Beispielaufgabe ein und berechne die Differenz. Verwende jede Ziffer nur einmal.

7 6 − 8 = 6 8

a) Die Differenz soll größer als in der Beispielaufgabe sein.

☐☐ − ☐ = ☐☐   ☐☐ − ☐ = ☐☐

b) Die Differenz soll kleiner als in der Beispielaufgabe sein.

☐☐ − ☐ = ☐☐   ☐☐ − ☐ = ☐☐

3. Immer zwei Summanden (Luftballons) gehören zusammen und ergeben die Summe 1 000.

Rechengesetze • Rechenvorteile

UNBEDINGT MERKEN!

Beim Berechnen des Terms 24 + 23 + 37 addierst du zur Zahl 24 die Zahl 23 und danach die Zahl 37. Den Term berechnest du von links nach rechts: (24 + 23) + 37. Die Klammer zeigt an, was du zuerst berechnet hast. Du kannst aber auch zuerst die Summe der Zahlen 23 und 37 berechnen und dann zum Ergebnis die Zahl 24 addieren: 24 + (23 + 37). Am Zahlenstrahl kannst du gut erkennen, dass du in beiden Fällen dasselbe Ergebnis erhältst.

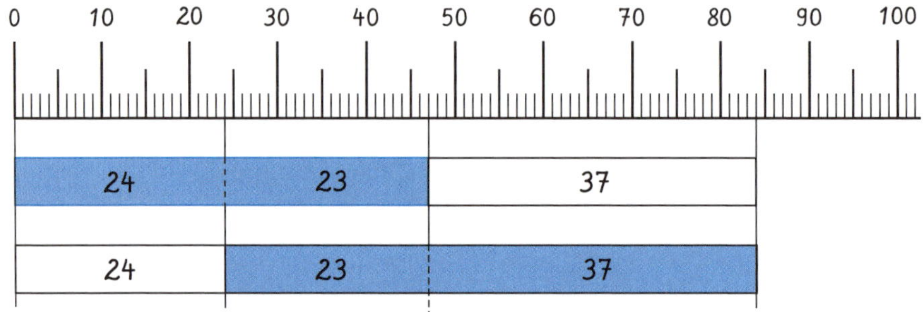

Verbindungsgesetz (Assoziativgesetz) der Addition

In Summen aus mehreren Summanden dürfen beliebig Klammern gesetzt oder weggelassen werden.

(24 + 23) + 37 =
47 + 37 = 84

24 + (23 + 37) =
24 + 60 = 84

(24 + 23) + 37 = 24 + (23 + 37)

Am Zahlenstrahl kannst du noch eine weitere Gesetzmäßigkeit der Addition gut erkennen.

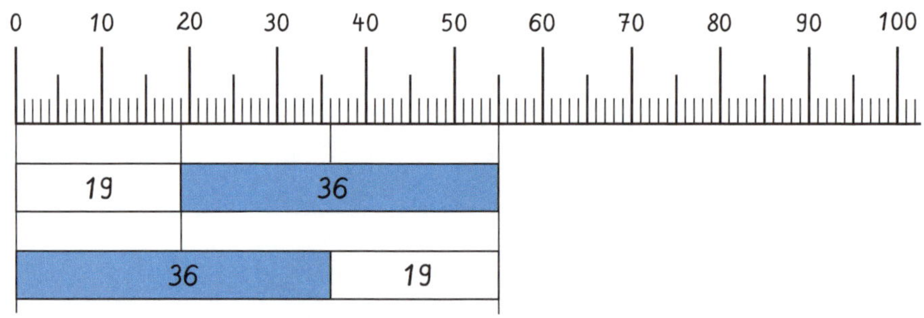

19 + 36 = 55

36 + 19 = 55

19 + 36 = 36 + 19

Vertauschungsgesetz (Kommutativgesetz) der Addition

In Summen dürfen die Summanden vertauscht werden.

TIPPS + HILFEN!

Viele Summen mit mehreren Summanden kannst du leichter berechnen, wenn du die Summanden geschickt vertauschst oder verbindest.

Aufgabe:
144 + 39 + 61 =

Kopfrechnen:
144 + (39 + 61) =
144 + 100 = 244

Aufgabe:
45 + 77 + 35 + 23 =

Kopfrechnen:
(45 + 35) + (77 + 23) =
80 + 100 = 180

1. Addiere mündlich. Rechne vorteilhaft und vertausche geschickt.

a) 154 + 63 + 46 = ________________ = ______

b) 51 + 78 + 162 = ________________ = ______

c) 441 + 125 + 259 = ________________ = ______

2. Berechne geschickt.

a) 9 + 35 + 45 + 41 = ________________ = ______

b) 38 + 15 + 82 + 75 = ________________ = ______

c) 127 + 78 + 172 + 123 = ________________ = ______

3. Berechne.

a) 16 + 18 + 33 + 44 + 22 =

________________ = ______

b) 18 + 22 + 44 + 16 + 30 + 105 =

________________ = ______

c) 35 + 43 + 37 + 9 + 51 + 15 =

________________ = ______

4. Berechne durch vorteilhaftes Addieren den Wert der Summe der Zahlen von 1 bis 9.

____

____

TIPPS + HILFEN!

Statt mehrere Subtrahenden in einem Term einzeln zu subtrahieren, kannst du auch die Summe der Subtrahenden subtrahieren. Der Wert des Terms ändert sich nicht.

68 − 15 − 21 − 17 =	68 − 15 − 21 − 17 =
Kopfrechnen (Subtrahenden einzeln subtrahieren):	Kopfrechnen (Summe der Subtrahenden subtrahieren):
68 − 15 = 53	68 − (15 + 21 + 17) =
53 − 21 = 32	68 − 53 =
32 − 17 = 15	68 − 53 = 15

1. Berechne. Subtrahiere die Summe der Subtrahenden.

a) 233 – 48 – 52 = ______________ = ______

b) 480 – 23 – 14 – 36 = ______________ = ______

c) 300 – 15 – 11 – 19 – 25 = ______________ = ______

d) 142 – 20 – 17 – 28 – 33 – 22 = ______________ = ______

2. Berechne zuerst die innere Klammer.

a) 125 – [(19 + 21) + 15] = ______________ = ______

b) 630 – [(25 + (16 + 34)] = ______________ = ______

c) 470 – [(13 + 77) + (11 + 9)] = ______________ = ______

d) 250 – [16 + (34 + 26) + 7] = ______________ = ______

TIPPS + HILFEN!

Wenn ein Term Subtrahenden und Summanden und keine Klammern hat, dann kannst du ihre Reihenfolge vertauschen. Der Wert des Terms ändert sich nicht.

68 − 29 + 32 =	68 − 29 + 32 =
Kopfrechnen (Reihenfolge nicht vertauscht):	Kopfrechnen (Reihenfolge vertauscht):
68 − 29 = 39	68 + 32 − 29 =
39 + 32 = 71	100 − 29 = 71

1. Berechne mit einer vorteilhaften Reihenfolge den Term.

a) 174 – 49 + 26 = ______________ = ______

b) 220 + 33 – 38 + 67 – 62 = ______________ = ______

c) 130 – 75 + 34 – 25 + 46 = ______________ = ______

d) 358 + 64 – 18 + 26 – 32 = ______________ = ______

2. In einem magischen Quadrat ist die Summe der Zahlen in den Zeilen, in den Spalten und den Diagonalen immer gleich.

Summe: 24

9	4	11
10	8	6
5	12	7

Zeilen:
9 + 4 + 11 = 24
10 + 8 + 6 = 24
5 + 12 + 7 = 24

Spalten:
9 + 10 + 5 = 24
4 + 8 + 12 = 24
11 + 6 + 7 = 24

Diagonalen:
9 + 8 + 7 = 24
11 + 8 + 5 = 24

Ergänze passende Summanden, so dass ein magisches Quadrat entsteht.

a) Summe: 30

	14	
	10	
		11

b) Summe: 45

	15	
14		18

c) Summe: 66

21	20	
19		

d) Summe: ______

10	140	
	220	
		260

e) Summe: ______

230		
480	280	
130		

f) Summe: ______

	200	
140	440	380

TEST

⚀ Berechne die Summe aus den Summanden 298 und 87.

Berechne die Differenz der Zahlen 700 und 199.

Addiere 35 zur Summe der Zahlen 77 und 212.

Subtrahiere von 550 die Differenz von 99 und 55.

⚁ Addiere mündlich. Verbinde und vertausche geschickt.

67 + 58 + 33 = ______ = ______

32 + 55 + 101 + 39 + 65 + 88 = ______ = ______

⚂ Berechne die Summe der geraden Zahlen von 2 bis 20.

⚃ Berechne. Subtrahiere die Summe der Subtrahenden.

487 – 23 – 57 = ______ = ______

730 – 38 – 64 – 12 – 36 = ______ = ______

⚄ Berechne mit einer vorteilhaften Reihenfolge.

312 – 39 + 88 = ______ = ______

540 – 85 + 24 – 15 + 56 = ______ = ______

⚅ Ergänze passende Summanden, damit ein magisches Quadrat entsteht.

a) Summe: 54

	22	
	18	
21		

b) Summe: 105

32		36
	35	

c) Summe: 129

42		
	45	44

Von 14 Aufgaben habe ich ______ Aufgaben richtig gelöst.

Schriftliches Addieren

UNBEDINGT MERKEN!

Den Rechenweg beim schriftlichen Addieren kannst du an der Stellentafel gut erkennen.

- Rechenweg bei zwei Summanden:

T	H	Z	E
6	5	4	8
+	8	7	3
1	1	1	
7	4	2	1

Einer:	3 + 8 = 11	1 schreiben, 1(Z) Übertrag
Zehner:	1 + 7 + 4 = 12	2 schreiben, 1(H) Übertrag
Hunderter:	1 + 8 + 5 = 14	4 schreiben, 1(T) Übertrag
Tausender:	1 + 6 = 7	7 schreiben

- Rechenweg bei mehreren Summanden:

T	H	Z	E
2	6	9	3
+	7	1	8
+3	9	8	7
+	8	7	6
3	2	2	
8	2	7	4

Einer:	6 + 7 + 8 + 3 = 24	4 schreiben, 2(Z) Übertrag
Zehner:	2 + 7 + 8 + 1 + 9 = 27	7 schreiben, 2(H) Übertrag
Hunderter:	2 + 8 + 9 + 7 + 6 = 32	2 schreiben, 3(T) Übertrag
Tausender:	3 + 3 + 2 = 8	8 schreiben

1. Schreibe die Summanden untereinander und berechne die Summe.

a) 63 567 + 78 905 b) 108 478 + 312 977 c) 1 389 750 + 3 265 288

d) 56 832 + 3 971 e) 54 383 + 657 943 f) 5 623 849 + 258 736

1. Berechne die Summe.

a) $\begin{array}{r} 4309 \\ +\,3817 \\ \hline \end{array}$ b) $\begin{array}{r} 316897 \\ +\,257875 \\ \hline \end{array}$ c) $\begin{array}{r} 804129 \\ +\,750921 \\ \hline \end{array}$

d) $\begin{array}{r} 5008 \\ +\,7693 \\ \hline \end{array}$ e) $\begin{array}{r} 105607 \\ +\,696894 \\ \hline \end{array}$ f) $\begin{array}{r} 40307 \\ +\,853809 \\ \hline \end{array}$

g) $\begin{array}{r} 256315 \\ +\,3627 \\ +\,19782 \\ \hline \end{array}$ h) $\begin{array}{r} 18536308 \\ +\,73720 \\ +\,1377412 \\ +\,605007 \\ \hline \end{array}$

TIPPS + HILFEN!
Beim schriftlichen Addieren kannst du die Kontrolle ganz leicht durchführen. Du addierst einfach von oben nach unten statt von unten nach oben.

T	H	Z	E
3	6	4	9
+5	2	8	7
	1	1	
8	9	3	6

$+\downarrow$

Rechenweg bei der Kontrolle:

$9 + 7 = 16$ 6 schreiben, 1(Z) Übertrag
$4 + 8 + 1 = 13$ 3 schreiben, 1(H) Übertrag
$6 + 2 + 1 = 9$ 9 schreiben
$3 + 5 = 8$ 8 schreiben

2. Berechne die Summe. Führe auch die Kontrolle durch.

a) $\begin{array}{r} 2556 \\ +\,78708 \\ \hline \end{array}$ b) $\begin{array}{r} 503987 \\ +\,5084 \\ \hline \end{array}$ c) $\begin{array}{r} 73783 \\ +\,101918 \\ \hline \end{array}$

d) $\begin{array}{r} 405970 \\ +\,689 \\ +\,876032 \\ \hline \end{array}$ e) $\begin{array}{r} 1965003568 \\ +\,24170836 \\ +\,3564097 \\ +\,6075 \\ \hline \end{array}$

1. Addiere schriftlich wie im Beispiel. Die beiden Summen ergeben zusammen eine Zehntausenderzahl.

38 115 + 10 160 + 452 = 9 080 + 1 642 + 551 =

```
  38115          9080
+ 10160       +  1642        48727
+   452       +   551      + 11273
-------       -------      -------
  48727         11273        60000
```

a) 2 123 + 37 054 + 16 671 = 11 681 + 15 140 + 7 331 =

b) 9 952 + 27 165 + 10 481 = 25 502 + 3 377 + 3 523 =

2. Schreibe immer die Summe als ersten Summanden der folgenden Aufgabe.

a) 405637 + 129412 = ______ ↗ ______ + 129412 = ______ ↗ ______ + 129412 = 793873

b) 78198 + 206073 = ______ ↗ ______ + 206073 = ______ ↗ ______ + 206073 = 696417

c) 772434 + 98688 = ______ ↗ ______ + 98688 = ______ ↗ ______ + 98688 = 1068498

d) 500750 + 197471 = ______ ↗ ______ + 197471 = ______ ↗ ______ + 197471 = 1093163

TEST

• Berechne die Summe.

a) 18221 + 2436

b) 153017 + 644498

c) 808967 + 192094

d) 40817 + 9760 + 509

e) 75492 + 378815 + 17813 + 904

f) 84765 + 93 + 313750 + 696926 + 8153

⁚ Berechne die Summe. Führe auch die Kontrolle durch.

a) 390756 + 98054

b) 438926 + 590375

c) 854037 + 368793

d) 659 + 78078 + 7936

e) 420789 + 512 + 89070 + 3863

f) 2196896 + 234251 + 820 + 75409 + 8767

⁖ Fülle die Lücken mit den passenden Ziffern aus.

a) _4_3_ + 1_141 = 673_6

b) _301_2 + 45_61_ = 9_4_10

c) 1_5_95_ + 8_00_7 = 2175000

Von 15 Aufgaben habe ich ______ **Aufgaben richtig gelöst.**

Schriftliches Subtrahieren

UNBEDINGT MERKEN!

Den Rechenweg beim schriftlichen Subtrahieren kannst du an der Stellentafel gut erkennen.

- Rechenweg bei einem Subtrahenden:

T	H	Z	E				
6	7	2	5	Einer:	9 + 5 = 14	4 schreiben, 1(Z)	Übertrag
-2	8	7	9	Zehner:	1 + 7 + 4 = 12	4 schreiben, 1(H)	Übertrag
1	1	1		Hunderter:	1 + 8 + 8 = 17	8 schreiben, 1(T)	Übertrag
3	8	4	4	Tausender:	1 + 2 + 3 = 6	3 schreiben	

- Rechenweg bei mehreren Subtrahenden:

T	H	Z	E				
9	7	4	1	Einer:	5 + 8 + 8 = 21	8 schreiben, 2(Z)	Übertrag
-1	4	6	8	Zehner:	2 + 0 + 6 + 6 = 14	6 schreiben, 1(H)	Übertrag
-	6	0	5	Hunderter:	1 + 6 + 4 + 6 = 17	6 schreiben, 1(T)	Übertrag
1	1	2		Tausender:	1 + 1 + 7 = 9	7 schreiben	
7	6	6	8				

1. Schreibe stellengerecht untereinander und berechne die Differenz.

a) 92 305 − 38 599 b) 109 342 − 97 777 c) 2 341 502 − 1 367 937

d) 645 233 − 3 875 − 31 895 e) 7 567 342 − 4 698 − 397 750 − 99 865

1. Berechne die Differenz.

a)

	8076
−	3529

b)

	742124
−	503589

c)

	906320
−	170809

d)

	7003
−	2307

e)

	250707
−	93818

f)

	600500
−	207093

g)

	830712
−	4695
−	17708

h)

	16432507
−	72630
−	1477503
−	703839

TIPPS + HILFEN!

Beim schriftlichen Subtrahieren kannst du die Kontrolle ganz leicht durchführen. Du addierst einfach von unten nach oben.

T	H	Z	E
8	6	4	1
−5	7	8	7
1	1	1	
2	8	5	4

↑ +

Rechenweg bei der Kontrolle:

4 + 7 = 11	1 schreiben, 1(Z) Übertrag
5 + 1 + 8 = 14	4 schreiben, 1(H) Übertrag
8 + 1 + 7 = 16	6 schreiben, 1(T) Übertrag
2 + 1 + 5 = 8	8 schreiben

2. Berechne die Summe. Führe auch die Kontrolle durch.

a)

	83751
−	9063

b)

	604121
−	7808

c)

	325406
−	98197

d)

	850132
−	787
−	795625

e)

	2866070314
−	703851706
−	8963085
−	5467

TEST

• Berechne die Differenz.

a)
	7	2	3	2	1
−		8	4	6	5

b)
	6	0	4	4	0	3
−	2	5	5	6	1	2

c)
	7	8	0	3	5	0
−	4	0	7	0	8	1

d)
	8	0	2	3	1
−		7	5	6	7
−			9	3	3

e)
	5	0	0	8	0	2
−			3	5	8	0
−				9	5	3
−	1	5	6	2	1	8

f)
	2	5	6	4	3	0	1
−						8	7
−		2	3	3	1	7	7
−			7	8	6	0	9
−				6	4	3	2

⁚ Berechne die Differenz. Führe auch die Kontrolle durch.

a)
	4	8	0	0	2	7
−		9	8	7	8	3

b)
	7	0	0	3	2	4
−	2	5	3	7	8	7

c)
	9	0	5	4	2	5
−	6	3	0	8	6	8

d)
	8	5	4	3	5
−			9	6	7
−	2	3	8	0	9

e)
	6	0	0	2	4	1
−				8	7	0
−	3	4	4	1	6	3
−			8	7	8	7

f)
	3	0	8	0	5	0	2
−		8	5	6	4	9	0
−					7	0	3
−			7	5	0	8	8
−				6	4	0	7

⁖ Fülle die Lücken mit den passenden Ziffern aus.

a)
	8	2	3	5	□
−		□	6	□	9
	□	3	□	4	3

b)
	□	1	2	1	□
−	1	□	8	□	5
	7	3	□	0	9

c)
	8	1	□	3	3	2
−	3	□	6	□	4	□
	□	5	5	4	□	8

Von 15 Aufgaben habe ich □ **Aufgaben richtig gelöst.**

ZUSAMMENFASSUNG!

Wenn du die Regeln kennst, dann kannst du Additions- und Subtraktionsaufgaben leichter und sicherer berechnen.

Fachausdrücke

Um sich besser verständigen zu können, hat man Fachausdrücke eingeführt.

127	+	73	=	200	Wir lesen: 127 plus 73 gleich 200.
1. Summand		2. Summand		Summe	

351	-	98	=	253	Wir lesen: 351 minus 98 gleich 253.
Minuend		Subtrahend		Differenz	

Rechengesetze

Für die Addition gelten folgende Rechengesetze:

Vertauschungsgesetz (Kommutativgesetz)
In Summen dürfen Summanden vertauscht werden:
$18 + 132 = 132 + 18$

Verbindungsgesetz (Assoziativgesetz)
In Summen aus mehreren Summanden dürfen beliebig Klammern gesetzt oder weggelassen werden:
$(16 + 29) + 31 = 16 + (29 + 31)$

Große Zahlen werden schriftlich addiert bzw. subtrahiert.

T	H	Z	E	Rechenweg:			
6	5	4	8	Einer:	3 + 8 = 11	1 schreiben, 1(Z)	Übertrag
+	8	7	3	Zehner:	1 + 7 + 4 = 12	2 schreiben, 1(H)	Übertrag
1	1	1		Hunderter:	1 + 8 + 5 = 14	4 schreiben, 1(T)	Übertrag
7	4	2	1	Tausender:	1 + 6 = 7	7 schreiben	

Bei der Kontrolle addierst du von oben nach unten statt von unten nach oben.

T	H	Z	E	Rechenweg:			
6	7	2	5	Einer:	9 + 6 = 15	6 schreiben, 1(Z)	Übertrag
-2	8	7	9	Zehner:	1 + 7 + 4 = 12	4 schreiben, 1(H)	Übertrag
1	1	1		Hunderter:	1 + 8 + 8 = 17	8 schreiben, 1(T)	Übertrag
3	8	4	6	Tausender:	1 + 2 + 3 = 6	3 schreiben	

Bei der Kontrolle addierst du einfach von unten nach oben.

Multiplizieren und Dividieren

In einem Baumarkt werden Schrauben in Packungen zu je 40 Stück angeboten. Eine Packung kostet 3 €. Frau Krug benötigt 160 Schrauben. Wie viele Packungen muss sie kaufen und wie viel DM bezahlt sie?

Lösung:

160 : 40 = 4   4 · 3 € = 12 €   Sie kauft 4 Packungen und bezahlt 12 €.

Fachausdrücke

UNBEDINGT MERKEN!

Um sich besser verständigen zu können, hat man Fachausdrücke eingeführt:

Der Term 4 · 5 wird auch **Produkt** genannt.

4	·	5	=	20
1. Faktor	·	2. Faktor	=	Produkt

Der Term 160 : 40 wird auch **Quotient** genannt.

160	:	40	=	4
Dividend	:	Divisor	=	Quotient

1. Verbinde Produkte, die den gleichen Wert haben.

6 · 8	4 · 15	14 · 4	6 · 12	2 · 36	15 · 6
5 · 12	27 · 3	12 · 3	9 · 9	6 · 13	18 · 4
8 · 7	3 · 16	3 · 26	9 · 4	8 · 9	9 · 10

2. Verbinde Quotienten, die den gleichen Wert haben.

45 : 3	28 : 4	90 : 6	112 : 7	66 : 3	57 : 3
81 : 9	48 : 4	110 : 5	54 : 9	78 : 6	132 : 22
56 : 8	45 : 5	96 : 8	95 : 5	80 : 5	117 : 9

1. Berechne die Terme und trage die Ergebnisse in das Kreuzzahlrätsel ein.

a)

1	2			3		4
5			6		7	
		8				
	9					

waagerecht:

1. Berechne das Produkt mit den Faktoren 6 und 30.
3. Subtrahiere 36 von dem Produkt aus den Zahlen 90 und 2.
5. Mit welcher Zahl musst du 7 multiplizieren, um 147 zu erhalten?
7. Addiere 13 zu dem Produkt aus den Zahlen 3 und 4.
8. Dividiere das Produkt aus den Zahlen 60 und 8 durch 4.
9. Multipliziere die Summe aus den Zahlen 1800 und 210 mit dem Faktor 8.

senkrecht:

1. Berechne den Quotienten von 248 und 2.
2. Berechne den Quotienten aus dem Dividenden 324 und dem Divisor 4.
4. Addiere 438 zu dem Quotienten der Zahlen 96 und 8.
6. Subtrahiere von 1 000 das Produkt aus den Zahlen 7 und 40.

b)

	1	2	3			
4		5				6
7	8				9	
10				11		

waagerecht:

1. Multipliziere das Produkt aus den Zahlen 90 und 7 mit dem Faktor 20.
5. Addiere 18 zu dem Produkt aus den Faktoren 70 und 6.
7. Multipliziere 23 mit 3.
9. Dividiere das Produkt aus den Faktoren 9 und 70 durch 10.
10. Subtrahiere von 650 den Quotienten aus den Zahlen 540 und 9.
11. Addiere die Summe aus den Zahlen 34 und 38 zu dem Produkt aus den Faktoren 80 und 9.

senkrecht:

2. Subtrahiere 116 von dem Quotienten der Zahlen 420 und 3.
3. Multipliziere die Differenz der Zahlen 105 und 35 mit dem Faktor 9.
4. Wie heißt die Zahl, die um 45 größer ist als das Produkt aus den Zahlen 8 und 15?
6. Addiere zum Produkt 6 mal 8 das Produkt 7 mal 12.

1. Setze die Ziffern 5, 6 und 7 ein und berechne das Produkt. Verwende jede Ziffer nur einmal.

a) Das Produkt soll möglichst groß sein.

☐ · ☐☐ = ______ ☐ · ☐☐ = ______

☐ · ☐☐ = ______ ☐ · ☐☐ = ______

b) Das Produkt soll möglichst klein sein.

☐ · ☐☐ = ______ ☐ · ☐☐ = ______

☐ · ☐☐ = ______ ☐ · ☐☐ = ______

2. Setze die Ziffern 9, 6 und 3 ein und berechne den Quotienten. Verwende jede Ziffer nur einmal.

a) Der Quotient soll möglichst groß sein.

☐☐ : ☐ = ______ ☐☐ : ☐ = ______

b) Der Quotient soll möglichst klein sein.

☐☐ : ☐ = ______ ☐☐ : ☐ = ______

c) Der Quotient soll 23 sein.

☐☐ : ☐ = ______ ☐☐ : ☐ = ______

Rechengesetze • Rechenvorteile

UNBEDINGT MERKEN!
Beim Berechnen des Terms $2 \cdot 3 \cdot 4$ multiplizierst du den Faktor 2 mit dem Faktor 3 und dann das Ergebnis mit dem Faktor 4. Den Term berechnest du von links nach rechts: $(2 \cdot 3) \cdot 4$. Die Klammer zeigt an, was du zuerst berechnet hast.
Du kannst aber auch zuerst das Produkt der Zahlen 3 und 4 berechnen und dann das Ergebnis mit 2 multiplizieren: $2 \cdot (3 \cdot 4)$. Am Zahlenstrahl kannst du gut erkennen, dass du in beiden Fällen dasselbe Ergebnis erhältst.

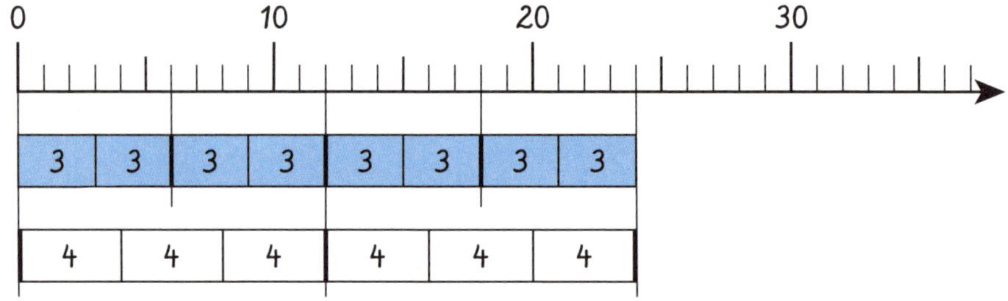

Verbindungsgesetz (Assoziativgesetz) der Multiplikation
In Produkten aus mehreren Faktoren dürfen beliebig Klammern gesetzt oder weggelassen werden.

$(2 \cdot 3) \cdot 4 =$ $\quad$ $2 \cdot (3 \cdot 4) =$

$6 \cdot 4 = 24$ $\quad$ $2 \cdot 12 = 24$

$$(2 \cdot 3) \cdot 4 = 2 \cdot (3 \cdot 4)$$

Am Zahlenstrahl kannst du eine weitere Gesetzmäßigkeit der Multiplikation gut erkennen.

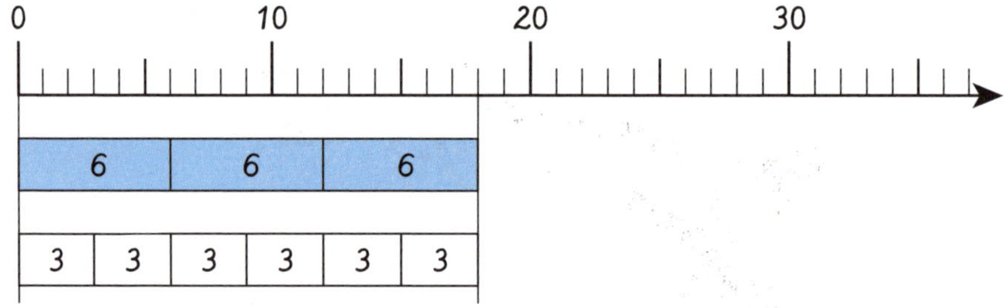

$3 \cdot 6 = 18$ $\quad$ $6 \cdot 3 = 18$

$$3 \cdot 6 = 6 \cdot 3$$

Vertauschungsgesetz (Kommutativgesetz) der Multiplikation
In Produkten dürfen die Faktoren vertauscht werden.

TIPPS + HILFEN!

Viele Produkte mit mehreren Faktoren kannst du leichter berechnen, wenn du die Faktoren geschickt vertauschst oder verbindest.

Aufgabe:
$25 \cdot 13 \cdot 4 =$

Kopfrechnen:
$(25 \cdot 4) \cdot 13 =$
$100 \cdot 13 = 1\,300$

Aufgabe:
$6 \cdot 2 \cdot 15 \cdot 25 =$

Kopfrechnen:
$(6 \cdot 15) \cdot (2 \cdot 25) =$
$90 \cdot 50 = 4\,500$

1. Multipliziere mündlich. Verbinde und vertausche geschickt.

a) $7 \cdot 12 \cdot 5$ = ______________________ = ______

b) $4 \cdot 50 \cdot 9$ = ______________________ = ______

c) $3 \cdot 8 \cdot 125$ = ______________________ = ______

d) $25 \cdot 3 \cdot 2$ = ______________________ = ______

2. Berechne geschickt.

a) $2 \cdot 45 \cdot 5 \cdot 6$ = ______________________ = ______

b) $7 \cdot 4 \cdot 50 \cdot 3$ = ______________________ = ______

c) $2 \cdot 5 \cdot 7 \cdot 4$ = ______________________ = ______

3. Berechne.

a) $4 \cdot 9 \cdot 5 \cdot 8 \cdot 25$ = ______________________ = ______

b) $3 \cdot 4 \cdot 3 \cdot 5 \cdot 5$ = ______________________ = ______

c) $25 \cdot 6 \cdot 125 \cdot 4 \cdot 4$ = ______________________ = ______

TIPPS + HILFEN!

Wenn in einem Term Klammern, Punkt- und Strichrechnungen vorkommen, dann musst du zuerst die Klammern berechnen, dann die Punktrechnungen und zum Schluss die Strichrechnungen durchführen.

$19 + 18 \cdot 5 - 7 = 102$

Kopfrechnen:
$19 + 90 - 7 =$
$109 - 7 = 102$

$[15 + 3 \cdot (6 + 5)] : 6 = 8$

Kopfrechnen:
$[15 + 3 \cdot 11] : 6 =$
$[15 + 33] : 6 =$
$48 : 6 = 8$

Sind in einem Term Klammern ineinander verschachtelt, dann wird die innere zuerst berechnet.

1. Berechne mündlich. Beachte: Erst Klammer, dann Punkt, dann Strich.

a) $3 \cdot 4 + 12 - 5 =$ ______________________

______________________ = ________

b) $6 \cdot (5 + 3) - 18 =$ ______________________

______________________ = ________

c) $(55 - 6) : (56 : 8) + 63 =$ ______________________

______________________ = ________

d) $4 \cdot (29 - 3 \cdot 7) + 14 \cdot (32 - 22) =$ ______________________

______________________ = ________

2. Berechne zuerst die innere Klammer.

a) $2\,000 : [700 - (350 - 150)]$ = ______________________

______________________ = ________

b) $10\,000 : [600 + (520 - 120)]$ = ______________________

______________________ = ________

c) $[8\,000 - (4\,300 - 1\,300)] \cdot 8$ = ______________________

______________________ = ________

d) $[7\,000 - (5\,000 - 3\,000)] : 2$ = ______________________

______________________ = ________

TIPPS + HILFEN!

Statt durch mehrere Divisoren in einem Term einzeln zu dividieren, kannst du auch durch das Produkt der Divisoren dividieren (und umgekehrt). Der Wert des Terms ändert sich nicht.

Es gilt: $72 : 6 : 2 = 72 : (6 \cdot 2) = 72 : 12 = 6$
Und umgekehrt gilt: $72 : 12 = 72 : (2 \cdot 6) = 72 : 2 : 6 = 6$

1. Berechne. Dividiere durch das Produkt der Divisoren.

a) 90 : 15 : 2 = ______________________________ = ________

b) 280 : 5 : 8 = ______________________________ = ________

c) 1 250 : 5 : 50 = ______________________________ = ________

d) 1 600 : 8 : 2 = ______________________________ = ________

2. Berechne in mehreren Schritten. Zerlege den Divisor.

a) 144 : 16 = ______________________________ = ________

b) 126 : 18 = ______________________________ = ________

c) 224 : 28 = ______________________________ = ________

d) 336 : 24 = ______________________________ = ________

3. Welcher Term lässt sich leichter berechnen?

a) $300 : (20 \cdot 5)$ oder $(300 : 20) : 5$ = ________________ = ________

b) $(140 : 5) : 7$ oder $140 : (5 \cdot 7)$ = ________________ = ________

c) $750 : (50 \cdot 5)$ oder $(750 : 50) : 5$ = ________________ = ________

UNBEDINGT MERKEN!

Beim Berechnen des Terms $3 \cdot (4 + 5)$ multiplizierst du jeden Summanden mit 3 und addierst dann die Ergebnisse:

$3 \cdot (4 + 5) =$
$3 \cdot 4 + 3 \cdot 5 = 12 + 15 = 27.$

Du kannst aber auch zuerst die Summanden addieren und dann das Ergebnis mit 3 multiplizieren:
$3 \cdot (4 + 5) =$
$3 \cdot 9 = 27.$

Entsprechendes gilt beim Berechnen des Terms $3 \cdot (10 - 2)$.

$3 \cdot (10 - 2) =$	$3 \cdot (10 - 2) =$
$3 \cdot 10 - 3 \cdot 2 =$	$3 \cdot 8 = 24$
$30 - 6 = 24$	

Verteilungsgesetze (Distributivgesetze)
Eine Summe bzw. eine Differenz wird so mit einer Zahl multipliziert:
$3 \cdot (4 + 5) = 3 \cdot 4 + 3 \cdot 5$ $\quad$ $3 \cdot (10 - 2) = 3 \cdot 10 - 3 \cdot 2$

Eine Summe bzw. eine Differenz wird so durch eine Zahl dividiert:
$(24 + 64) : 8 = 24 : 8 + 64 : 8$ $\quad$ $(90 - 36) : 9 = 90 : 9 - 36 : 9$

1. Schreibe den größeren Faktor als Summe oder als Differenz.

$5 \cdot 33 = 5 \cdot 30 + 5 \cdot 3 = 150 + 15 = 165$

a) $8 \cdot 24 =$ ______________________ = ______

b) $7 \cdot 39 =$ ______________________ = ______

c) $62 \cdot 6 =$ ______________________ = ______

d) $98 \cdot 9 =$ ______________________ = ______

2. Multipliziere die Summe oder die Differenz mit dem Faktor.

$4 \cdot 17 + 4 \cdot 33 = 4 \cdot (17 + 33) = 4 \cdot 50 = 200$

a) $5 \cdot 16 + 5 \cdot 24 =$ ______________________ = ______

b) $3 \cdot 45 - 3 \cdot 15 =$ ______________________ = ______

c) $57 \cdot 4 + 23 \cdot 4 =$ ______________________ = ______

1. Berechne geschickt. Wandle wie im Beispiel den Dividenden in eine Summe oder in eine Differenz um.

$366 : 6 = 300 : 6 + 66 : 6 = 50 + 11 = 61$

a) $535 : 5 =$ ______________________________ = ________

b) $185 : 5 =$ ______________________________ = ________

c) $288 : 9 =$ ______________________________ = ________

d) $376 : 8 =$ ______________________________ = ________

2. Berechne. Dividiere wie im Beispiel die Summe oder die Differenz durch den Divisor.

$32 : 4 + 168 : 4 = (32 + 168) : 4 = 200 : 4 = 50$

a) $56 : 8 + 184 : 8 =$ ______________________________ = ________

b) $153 : 9 - 63 : 9 =$ ______________________________ = ________

c) $189 : 7 + 21 : 7 =$ ______________________________ = ________

d) $156 : 6 - 36 : 6 =$ ______________________________ = ________

Potenzieren

Nadine schneidet eine Torte auf: Zuerst in zwei Hälften, dann jede Hälfte wieder in zwei Hälften. Dann jedes Viertel wieder in zwei Hälften und zum Schluss noch einmal jedes Achtel wieder in zwei Hälften. Wie viele Tortenstücke sind es dann?

Zeichnerische Lösung:

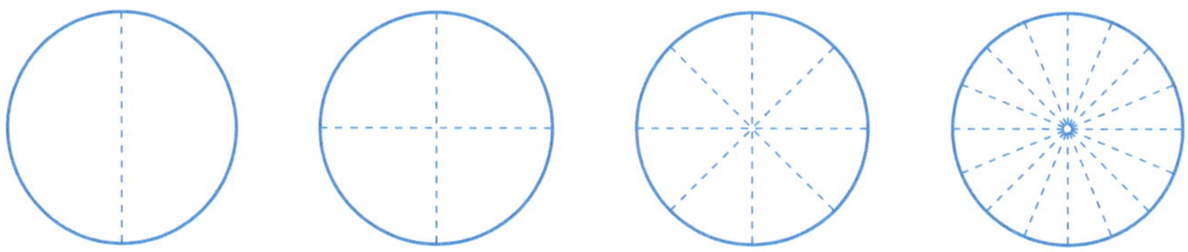

Rechnung: $2 \cdot 2 \cdot 2 \cdot 2 = 16$ Antwort: Es sind 16 Tortenstücke.

UNBEDINGT MERKEN!

Produkte aus zwei oder mehreren gleichen Faktoren nennt man **Potenzen**. $2 \cdot 2 \cdot 2 \cdot 2$ ist eine Potenz. Diese Potenz schreibt man kürzer 2^4 (wir lesen: zwei hoch vier). 2 ist die **Grundzahl** (Basis), 4 ist die **Hochzahl** (Exponent) dieser Potenz. Die Hochzahl gibt an, wie oft man die Grundzahl als Faktor schreiben muss.

$2^4 = 2 \cdot 2 \cdot 2 \cdot 2 = 16$

Grundzahl Hochzahl Potenzwert

Potenzen mit der Hochzahl 2 heißen Quadratzahlen: $1^2 = 1$, $2^2 = 4$, $3^2 = 9$, ...

Potenzen mit der Grundzahl 10 heißen Zehnerpotenzen. Sie sind die Stufenzahlen des Zehnersystems: $10^1 = 10$, $10^2 = 100$, $10^3 = 1\,000$, ...

1. Welche Potenz passt zu dem Baum?

a)

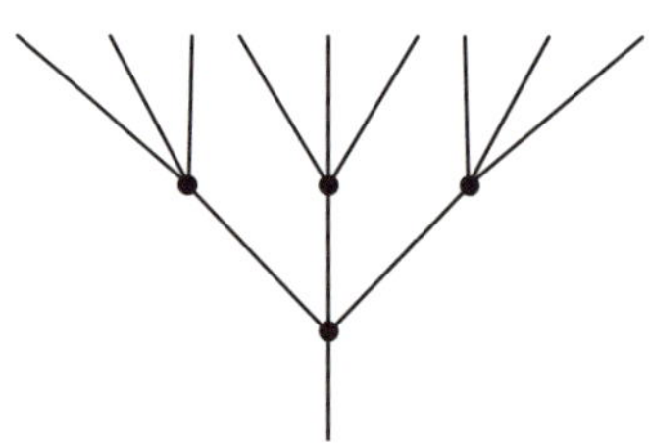

b)

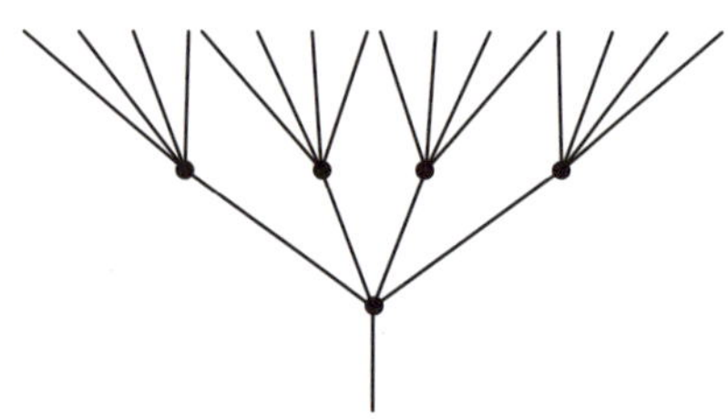

1. Da die Quadratzahlen Produkte aus zwei gleichen Faktoren sind, lassen sie sich als Quadrate darstellen. Zeichne die Bilder von 3^2 bis 8^2 und berechne die Quadratzahlen.

$1^2 = 1$ $2^2 = 4$ $3^2 =$ $4^2 =$

$5^2 =$ $6^2 =$

$7^2 =$ $8^2 =$

2. Schreibe als Zehnerpotenz.

a) tausend ______ b) zehntausend ______ c) hunderttausend ______

3. Berechne und vergleiche mit > und <.

a) 4^3 ☐ 3^4

$4^3 =$ ____________ $3^4 =$ ____________

b) 2^3 ☐ 3^2

$2^3 =$ ____________ $3^2 =$ ____________

Teiler und Vielfache einer Zahl

Ayse möchte 12 Briefmarken in ihr Album einordnen. Sie will in jede Reihe gleich viele Briefmarken stecken. Welche Möglichkeiten hat sie?

Lösung: Sie schreibt die Zahl 12 als Produkt aus zwei Faktoren und erhält:

$12 = 1 \cdot 12 \qquad 12 = 2 \cdot 6 \qquad 12 = 3 \cdot 4$

Jetzt kennt sie die verschiedenen Möglichkeiten:

Anzahl der Reihen	1	2	3	4	6	12
Briefmarken je Reihe	12	6	4	3	2	1

UNBEDINGT MERKEN!

Schreibt man eine Zahl als Produkt aus zwei Faktoren, so weiß man, dass beide Faktoren die Zahl ohne Rest teilen.

$12 = 3 \cdot 4$ Man sagt: 3 ist Teiler von 12 und schreibt $3 \mid 12$.
4 ist Teiler von 12 und schreibt $4 \mid 12$.

$12 : 5 = 2 + 2 : 5$ Man sagt: 5 ist nicht Teiler von 12 und schreibt: $5 \nmid 12$.

1. Setze das richtige Zeichen ($\mid$ oder $\nmid$) ein. Schreibe wie im Beispiel.

$6 \mid 48 \qquad 48 = 8 \cdot 6 \qquad 7 \nmid 48 \qquad 48 = 6 \cdot 7 + 6$

a) 7 ☐ 63 ____________ b) 12 ☐ 85 ____________

c) 22 ☐ 110 ____________ d) 25 ☐ 305 ____________

TIPPS + HILFEN!

Wenn du alle Teiler einer Zahl bestimmst, dann gehe so vor. Schreibe alle Produkte aus zwei Faktoren für die Zahl auf. Beginne stets mit der Zahl 1 als ersten Faktor. Danach prüfe, ob 2, 3, 4, ... auch als erster Faktor auftreten können. Du kannst aufhören, wenn der erste Faktor mindestens so groß ist wie der zweite.

32	35	38
$1 \cdot 32$	$1 \cdot 35$	$1 \cdot 38$
$2 \cdot 16$	$5 \cdot 7$	$2 \cdot 19$
$4 \cdot 8$		

2. Bestimme die Teilermenge der Zahl. T_{24} bedeutet: Teilermenge von 24.

a) $T_{24} = \{$ ____________ $\}$ b) $T_{45} = \{$ ____________ $\}$

c) $T_{72} = \{$ ____________ $\}$ d) $T_{96} = \{$ ____________ $\}$

UNBEDINGT MERKEN!

Multipliziert man eine Zahl nacheinander mit den Zahlen 1, 2, 3, 4, 5, … so erhält man ihre Vielfachen. Alle Vielfachen einer Zahl fasst man in der Vielfachenmenge zusammen. Die Vielfachenmengen haben unendlich viele Elemente. Daher schreibt man nur die ersten Vielfachen.

Die Vielfachenmenge der Zahl 6 schreibt man: $V_6 = \{6, 12, 18, 24, 30, \dots\}$

Man sagt: 18 ist Vielfaches von 6 oder 18 ist Element von V_6

und schreibt: $18 \in V_6$.

Man sagt: 17 ist nicht Vielfaches von 6 oder 17 ist nicht Element von V_6

und schreibt: $17 \notin V_6$.

1. Setze das richtige Zeichen ($\in$ oder $\notin$) ein. Schreibe wie im Beispiel.

$30 \in V_6$ $30 = 5 \cdot 6$ $33 \notin V_6$ $33 = 5 \cdot 6 + 3$

a) 35 ☐ V_5 ____________ b) 45 ☐ V_7 ____________

c) 84 ☐ V_4 ____________ d) 74 ☐ V_6 ____________

2. Bestimme die Vielfachenmenge der Zahl. Gib die ersten 8 Vielfachen der Zahl an.

a) $V_8 = \{$ ____________ $\}$

b) $V_{12} = \{$ ____________ $\}$

c) $V_{15} = \{$ ____________ $\}$

d) $V_{25} = \{$ ____________ $\}$

TIPPS + HILFEN!

Teiler und Vielfache stehen in folgender Beziehung zueinander:

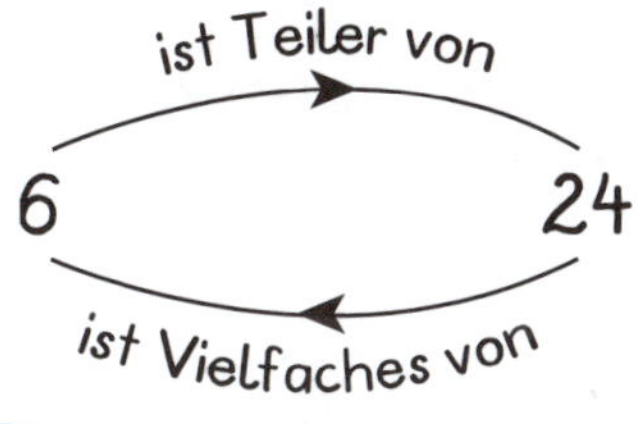

Wenn eine Zahl Teiler einer anderen Zahl ist, dann ist die andere ein Vielfaches der Zahl.

3. Setze das richtige Zeichen ($\in$ oder $\notin$) ein.

a) 20 ☐ T_{10} b) 6 ☐ T_{18} c) 12 ☐ T_{12} d) 8 ☐ V_{40} e) 25 ☐ T_{100}

20 ☐ V_{10} 6 ☐ V_{18} 12 ☐ V_{12} 8 ☐ T_{24} 25 ☐ V_5

Teilbarkeitsregeln

UNBEDINGT MERKEN!

Mit Hilfe der Teilbarkeitsregeln kann man feststellen, ob eine Division ohne Rest ausgeführt werden kann.

Teilbarkeit durch 2:	Eine Zahl ist durch 2 teilbar, wenn ihre letzte Stelle eine gerade Zahl oder 0 ist.
Teilbarkeit durch 3:	Eine Zahl ist durch 3 teilbar, wenn ihre Quersumme durch 3 teilbar ist.
Teilbarkeit durch 4:	Eine Zahl ist durch 4 teilbar, wenn ihre letzten beiden Stellen durch 4 teilbar sind oder 00 sind.
Teilbarkeit durch 5:	Eine Zahl ist durch 5 teilbar, wenn ihre letzte Stelle eine 0 oder eine 5 ist.
Teilbarkeit durch 6:	Eine Zahl ist durch 6 teilbar, wenn ihre letzte Stelle eine gerade Zahl ist und ihre Quersumme durch 3 teilbar ist.
Teilbarkeit durch 8:	Eine Zahl ist durch 8 teilbar, wenn ihre letzten drei Stellen durch 8 teilbar sind oder 000 sind.
Teilbarkeit durch 9:	Eine Zahl ist durch 9 teilbar, wenn ihre Quersumme durch 9 teilbar ist.
Teilbarkeit durch 10:	Eine Zahl ist durch 10 teilbar, wenn ihre letzte Stelle eine 0 ist.

1. Welche der Zahlen 44, 723, 12 680, 235 831, 3 406 106 sind durch 2 teilbar? Beachte ihre letzte Stelle.

____

2. Welche der Zahlen 69, 726, 15 022, 653 563, 1 897 221 sind durch 3 teilbar? Beachte ihre Quersumme.

____

3. Welche der Zahlen 70, 700, 2 432, 27 900, 143 517, 2 003 702 sind durch 4 teilbar? Beachte ihre letzten beiden Stellen.

____

4. Welche der Zahlen 80, 365, 1 056, 23 484, 125 600, 4 090 605 sind durch 5 teilbar? Beachte die letzte Stelle.

____

1. Welche der Zahlen 72, 398, 1 566, 80 706, 506 800, 5 903 408 sind durch 6 teilbar? Beachte ihre letzte Stelle und die Quersumme.

2. Welche der Zahlen 96, 400, 5 431, 78 864, 203 500, 1 907 800 sind durch 8 teilbar? Beachte ihre letzten drei Stellen.

3. Welche der Zahlen 63, 456, 2 088, 65 718, 504 621, 5 317 815 sind durch 9 teilbar? Beachte ihre Quersumme.

4. Welche der Zahlen 70, 535, 4 080, 33 954, 307 830, 2 607 732 sind durch 10 teilbar? Beachte ihre letzte Stelle.

5. Setze das richtige Zeichen (| oder ∤) ein.

a)	b)	c)	d)
3 ☐ 27	2 ☐ 23	10 ☐ 90	8 ☐ 152
8 ☐ 41	4 ☐ 56	6 ☐ 49	4 ☐ 126
5 ☐ 70	9 ☐ 88	3 ☐ 81	9 ☐ 171

6. Wie heißt für folgende Zahlen die nächstkleinere durch 2, durch 5 und durch10 teilbare Zahl?

a)

teilbar durch:	2	5	10
27			
43			
59			
131			
463			
687			
1 079			

b)

teilbar durch:	3	9	6
38			
44			
67			
121			
232			
601			
1 175			

TEST

⚀ Berechne geschickt. Rechne schrittweise.

$3 \cdot 29 =$ ______

$68 \cdot 7 =$ ______

$116 : 4 =$ ______

$312 : 8 =$ ______

⚁ Berechne geschickt. Setze Klammern.

$8 \cdot 25 \cdot 6 =$ ______

$5 \cdot 16 \cdot 8 \cdot 5 =$ ______

$3 \cdot 4 \cdot 20 \cdot 25 \cdot 5 =$ ______

$540 : 5 : 18 =$ ______

⚂ Berechne.

$12 + 18 \cdot 4 - 5 \cdot 4 + 4 \cdot 9 =$ ______

$4 \cdot (80 - 15 \cdot 4) - 3 \cdot 16 - 36 : 12 =$ ______

$(28 - 16) : 3 + (100 - 25) : 15 =$ ______

$[(800 : 8) + 2] \cdot 6 =$

⚃ Berechne. Setze Klammern.

$6 \cdot 8 + 6 \cdot 12 =$ ______

$5 \cdot 50 - 5 \cdot 25 =$ ______

$(2\,400 + 1\,600) : 400 =$ ______

$(3\,300 - 1\,500) : 300 =$ ______

⚄ Berechne.

$2 \cdot 3^4 : 72 : 2^2 =$ ______

$240 : 2^3 + 12 \cdot 3^2 =$ ______

$10^3 : 125 + 80 : 2^4 =$ ______

$(10^2 : 25) \cdot (6^1 + 2^3) =$ ______

Von 20 Aufgaben habe ich ______ Aufgaben richtig gelöst.

Schriftliches Multiplizieren

UNBEDINGT MERKEN!

Produkte mit mehrstelligen Faktoren berechnet man schriftlich. Das Produkt 2 569 · 3 berechnet man, indem man spaltenweise von rechts nach links zuerst die Einer, dann die Zehner, dann die Hunderter und dann die Tausender multipliziert.

Mach zuerst immer einen Überschlag: 2 500 · 3 = 7 500.

T	H	Z	E		
2	5	6	9	·	3
		7	7	0	7
		T	H	Z	E

Rechenweg:

Einer:	3 · 9 ist 27	7 schreiben, 2(Z) Übertrag
Zehner:	3 · 6 ist 18 plus 2 ist 20	0 schreiben, 2(H) Übertrag
Hunderter:	3 · 9 ist 15 plus 2 ist 17	7 schreiben, 1(T) Übertrag
Tausender:	3 · 2 ist 6 plus 1 ist 7	7 schreiben

1. Multipliziere schriftlich. Beachte den Übertrag.

a) T H Z E
7 0 3 9 · 8
ZT T H Z E

b) T H Z E
5 3 7 8 · 6
ZT T H Z E

c) T H Z E
4 9 0 7 · 7
ZT T H Z E

d) ZT T H Z E
2 3 4 8 7 · 9
HT ZT T H Z E

e) ZT T H Z E
8 7 0 5 3 · 5
HT ZT T H Z E

f) HT ZT T H Z E
3 5 9 1 4 7 · 3
Mio. HT ZT T H Z E

g) HT ZT T H Z E
6 0 4 7 8 3 · 6
Mio. HT ZT T H Z E

2. Multipliziere jetzt ohne Stellentafel.

a) 3 8 7 0 · 7

b) 6 0 0 7 · 8

c) 9 6 3 2 · 4

d) 6 0 0 5 9 · 3

e) 9 4 6 0 3 · 6

UNBEDINGT MERKEN!

Produkte mit Zehner-, Hunderter-, Tausenderzahlen, ... kannst du leicht berechnen, wenn du schrittweise multiplizierst.

Das Produkt 528 · 40 berechne so: 528 mal 4 mal 10 .

528 · 4	0
2112	0

Rechenweg:
Berechne zuerst 528 · 4. Dann multipliziere das Ergebnis 2 112 mit 10 (eine Null anhängen).

Das Produkt 346 · 600 berechne so: 346 mal 6 mal 100.

346 · 6	00
2076	00

Rechenweg:
Berechne zuerst 346 · 6. Dann multipliziere das Ergebnis 2 076 mit 100 (zwei Nullen anhängen).

Das Produkt 803 · 7 000 berechne so: 803 mal 7 mal 1 000.

803 · 7	000
5621	000

Rechenweg:
Berechne zuerst 803 · 7. Dann multipliziere das Ergebnis 5 621 mit 1 000 (drei Nullen anhängen).

1. Berechne die Produkte.

a) 6874 · 30
b) 23014 · 90
c) 516237 · 60
d) 708456 · 40
e) 837 · 800
f) 9008 · 700
g) 12964 · 500
h) 205306 · 400
i) 509 · 3000
j) 3768 · 2000
k) 13706 · 6000
l) 23785 · 4000

UNBEDINGT MERKEN!
Das Produkt 265 · 37 kannst du leicht berechnen, wenn du 265 · 30 plus 265 · 7 rechnest.

365 · 37
10950
2555
13505

Rechenweg:
Berechne zuerst 365 · 30.

365 · 30
10950

Berechne dann 365 · 7.

365 · 7
2555

Addiere zuletzt die Ergebnisse 10 950 und 2 555.

1. Rechne wie oben im Kasten.

a) 2578 · 34

b) 8067 · 68

c) 67085 · 47

d) 23406 · 75

2. Berechne. Zwei Aufgaben haben jeweils das gleiche Ergebnis.

a) 6217 · 24

b) 22587 · 25

c) 12927 · 16

d) 12434 · 12

e) 4309 · 48

f) 7529 · 75

UNBEDINGT MERKEN!

Das Produkt 627 · 254 kannst du leicht berechnen, wenn du 627 · 200 plus 627 · 50 plus 627 · 4 rechnest.

```
627·254
 125400
  31350
   2508
 ------
 159258
```

Rechenweg:

Berechne zuerst 627 · 200.

627 · 200
125400

Berechne dann 627 · 50.

627 · 50
31350

Berechne dann 627 · 4.

627 · 4
2508

Addiere zuletzt die Ergebnisse 125 400, 31 350 und 2 508. Die blauen Endnullen kannst du weglassen.

1. Berechne wie oben im Kasten. Lass die Endnullen beim Multiplizieren weg.

a) 517 · 363

b) 834 · 403

c) 3069 · 468

d) 6725 · 318

e) 5128 · 3927

f) 2803 · 5716

TIPPS + HILFEN!

Beim schriftlichen Multiplizieren kannst du häufig vorteilhaft rechnen.

❶ Wenn der zweite Faktor mehr Stellen hat als der erste Faktor, dann vertausche die Faktoren.

```
37 · 24589          vorteilhafter ⇨     24589 · 37
   74                                    73767
   148                                   172123
    185                                  909793
     296
      333
  909793
```

❷ Wenn ein Faktor gleiche Ziffern hat, dann schreibe ihn als zweiten Faktor.

```
666 · 435           vorteilhafter ⇨     435 · 666
  2664                                   2610
   1998                                   2610
    3330                                   2610
  289710                                 289710
```

❸ Wenn ein Faktor in der Mitte Nullen als Ziffern hat, dann schreibe ihn als zweiten Faktor.

```
409 · 385           vorteilhafter ⇨     385 · 409
  1227                                   1540
   3272                                    3465
    2045                                 157465
  157465
```

1. Berechne. Achte auf Rechenvorteile. Bei welcher Reihenfolge der Faktoren kannst du schneller rechnen? Rechne in deinem Rechenheft weiter.

29	555	708	·	643	827	23 645

TIPPS + HILFEN!

Mit einer Überschlagsrechnung kannst du das ausgerechnete Produkt grob kontrollieren. Runde jeden Faktor auf die höchste Stelle. Dann kannst du die Überschlagsrechnung leicht im Kopf rechnen.

Aufgabe:	schriftliches Multiplizieren:	Überschlagsrechnung:
314 · 421 =	314 · 421 1256 628 314 132194	300 · 400 = 120 000

1. Multipliziere schriftlich. Führe eine grobe Kontrolle mit der Überschlagsrechnung durch.

a) Überschlag:
2067 · 98

b) Überschlag:
6518 · 34

c) Überschlag:
638 · 785

d) Überschlag:
583 · 802

2. Findest du alle vier Aufgaben? Rechne in deinem Heft weiter.

Erster Faktor		·	Zweiter Faktor		=	Produkt	
214	36	·	93	687	=	19 902	32 289
47	436		872	64		27 904	31 392

1. Die Worte vor den Lösungen ergeben ein Sprichwort.

Fehler, 94 231 | Vorteil, 7 216 827 | von 494 375 | Es 363 996

ist 849 072 | großem 20 549 022 | die 810 702 | aus 6 958 490

denen 1 226 754 | lernen 350 112 | recht frühzeitig 360 218

man 3 605 265 | kann, 337 716 | zu machen. 1 881 216

1. 121332 · 3
2. 212268 · 4
3. 98875 · 5
4. 3424837 · 6
5. 2405609 · 3
6. 90078 · 9
7. 4097 · 23
8. 71005 · 98
9. 4009 · 306
10. 5085 · 709
11. 672 · 521
12. 954 · 354
13. 1546 · 233
14. 3408 · 552

TEST

• Multipliziere schriftlich.

7698 · 52

4654 · 69

5365 · 37

•• Berechne das Produkt.

708 · 564

607 · 305

7098 · 43

80719 · 32

35078 · 657

45136 · 963

26703 · 409

••• Berechne. Führe auch die Überschlagsrechnung durch.

Überschlag:

709 · 64

Überschlag:

518 · 35

Von 12 Aufgaben habe ich ______ Aufgaben richtig gelöst.

Schriftliches Dividieren

UNBEDINGT MERKEN!

Quotienten mit größeren Zahlen berechnet man schriftlich. Den Quotienten 8 375 : 5 berechnet man, indem man spaltenweise von links nach rechts zuerst die Tausender, dann die Hunderter, dann die Zehner und dann die Einer durch 5 dividiert. Bleibt beim Dividieren ein Rest übrig, dann muss man ihn beim Dividieren der nächsten Spalte mit berücksichtigen. Die Sprech- und Schreibweise kann man an der Stellentafel gut erkennen.

T	H	Z	E		T	H	Z	E
8	3	7	5	: 5 =	1	6	7	5
-5				: 5 → T				
3	3			: 5 → H				
-3	0							
	3	7		: 5 → Z				
	-3	5						
		2	5	: 5 → E				
		2	5					
			0					

Tausender: 8 : 5 = 1 Rest 3 T
Hunderter: 33 : 5 = 6 Rest 3 H
Zehner: 37 : 5 = 7 Rest 2 Z
Einer: 25 : 5 = 5 Rest 0

1. Dividiere schriftlich.

a) T H Z E — 6 9 4 2 : 2 = T H Z E

b) T H Z E — 7 8 3 6 : 3 = T H Z E

c) T H Z E — 5 6 8 4 : 4 = T H Z E

1. Dividiere jetzt ohne Stellentafel.

a) 96495 : 7 =

b) 71382 : 6 =

c) 99423 : 9 =

UNBEDINGT MERKEN!

Wenn du beim Dividieren Nullen erhältst, dann musst du sie im Ergebnis eintragen.

```
8545 : 5 = 1709
-5
 35
-35
 04  :5
- 0
  45
 -45
   0
```

2. Berechne den Quotienten.

a) 5445 : 5 =

b) 1248 : 6 =

TIPPS + HILFEN!

Wenn die erste Stelle des Dividenden kleiner als der Divisor ist, dann beginne mit den ersten beiden Stellen.

```
4368 : 8 = 546
40 : 8
 36
 32
  48
  48
   0
```

1. Berechne.

a) 41388 : 6 =

b) 43358 : 7 =

c) 3908 : 4 =

d) 603432 : 9 =

e) 79768 : 8 =

f) 3692 : 4 =

TIPPS + HILFEN!

Einen Quotienten mit einem mehrstelligen Divisor kannst du leichter berechnen, wenn du bei jeder Teilrechnung zuerst eine Überschlagsrechnung machst. Runde dabei den Dividenden und den Divisor so, dass du die Überschlagsrechnung leicht im Kopf rechnen kannst.

ZT	T	H	Z	E			ZT	T	H	Z	E
1	6	8	3	3	: 31 =				5	4	3
1	5	5			: 31	Ü: 150 H : 30 = 5 H					
	1	3	3		: 31	Ü: 120 Z : 30 = 4 Z					
	1	2	4								
			9	3	: 31	Ü: 90 E : 30 = 3 E					
			9	3							
				0							

1. Berechne wie oben im Kasten. Mach bei jeder Teilrechnung zuerst eine Überschlagsrechnung.

a) 1 2 1 3 5 : 1 5 =

Ü.:
Ü.:
Ü.:

b) 1 3 6 8 : 1 8 =

Ü.:
Ü.:

c) 4 6 1 7 3 4 : 1 8 2 =

Ü.:
Ü.:
Ü.:
Ü.:

TIPPS + HILFEN!

Mit einer Überschlagsrechnung kannst du den ausgerechneten Quotienten grob kontrollieren. Runde den Dividenden und den Divisor so, dass du die Überschlagsrechnung leicht im Kopf rechnen kannst.

Aufgabe:	schriftliches Dividieren:	Überschlagsrechnung:
21 930 : 30 =	21930 : 30 = 731	21 000 : 30 = 700

```
21930 : 30 = 731
210
 93
 90
  30
  30
   0
```

1. Berechne. Kontrolliere mit einer Überschlagsrechnung.

a) 3995 : 17 =

Ü.:

b) 39974 : 79 =

Ü.:

c) 64539 : 71 =

Ü.:

TIPPS + HILFEN!

Durch schriftliches Multiplizieren kannst du kontrollieren, ob du einen Quotienten richtig berechnet hast.

Aufgabe:	schriftliches Dividieren:	Kontrolle:
115 413 : 51 =	115413 : 51 = 2263	2263 · 51
	102	11315
	134	2263
	102	115413
	321	
	306	
	155	
	155	
	0	

1. Berechne. Kontrolliere durch schriftliches Multiplizieren.

a) 46207 : 23 =   K.:

b) 50967 : 63 =

K.:

c) 235008 : 432 =

K.:

1. Die Worte bei den Lösungen ergeben ein bekanntes Sprichwort.

815 fragen | 254 einmal | 573 Besser | 766 zweimal | 154 irregehen. | 665 als

a) 3438 : 6 =

b) 6128 : 8 =

c) 15485 : 19 =

d) 16625 : 25 =

e) 50292 : 198 =

f) 46508 : 302 =

TIPPS + HILFEN!

Beim Berechnen des Quotienten 16 247 : 47 bleiben am Ende 32 übrig. Diese müsstest du noch durch 47 dividieren. Schreibe den Rest so auf, wie du es gelernt hast. Bei der Kontrolle addiere die 32 zum Ergebnis der schriftlichen Multiplikation.

Aufgabe:	schriftliches Dividieren:		Kontrolle:
16 247 : 47 =	16247 : 47	= 345 + 32 : 47	345 · 47
	141	oder	1380
	214	= 345 R 32	2415
	188		16215
	267		+ 32
	235		16247
	32		

1. Berechne. Kontrolliere durch schriftliches Multiplizieren. Vergiss den Rest nicht.

a) 16351 : 18 =

b) 60409 : 49 =

K.:

K.:

c) 403674 : 503 =

d) 250187 : 397 =

K.:

K.:

1. Berechne. Führe auch die Kontrolle durch.

a) 1 3 6 0 7 : 8 =

b) 5 1 7 8 0 : 9 =

K.:

K.:

c) 1 2 9 6 3 3 : 3 2 =

d) 5 0 6 1 9 2 : 2 8 =

K.:

K.:

e) 7 8 0 0 3 6 : 2 5 1 =

f) 3 6 7 2 8 4 : 7 0 3 =

K.:

K.:

TEST

• Dividiere schriftlich.

4 8 3 6 4 : 4 =

1 1 5 9 9 : 7 =

8 1 6 3 : 9 =

⁚ Berechne den Quotienten.

1 1 5 6 5 4 : 3 2 =

3 1 9 2 7 4 : 6 1 =

3 0 4 0 0 0 8 : 4 0 8 =

7 4 0 3 4 7 5 : 8 1 5 =

Berechne. Kontrolliere mit einer Überschlagsrechnung.

8286 : 6 = Ü.:

7525 : 21 =

8151 : 33 =

Ü.:

Ü.:

Berechne. Kontrolliere durch schriftliches Multiplizieren.

50919 : 63 =

63074 : 94 =

K.:

K.:

234876 : 432 =

K.:

Von 13 Aufgaben habe ich ____ Aufgaben richtig gelöst.

ZUSAMMENFASSUNG!

Wenn du die Regeln kennst, dann kannst du Multiplikations- und Divisionsaufgaben leichter und sicherer berechnen.

Fachausdrücke

7	·	19	= 133	Wir lesen: 7 mal 19 gleich 133.
1. Faktor (Multiplikator)		2. Faktor (Multiplikand)	Produkt	

144	:	12	= 12	Wir lesen: 144 durch 12 gleich 12.
Dividend		Divisor	Quotient	

$2 \cdot 2 \cdot 2$ ist eine **Potenz.** Man schreibt sie kürzer 2^3. Wir lesen: zwei hoch drei. 2 ist die **Grundzahl** (Basis), 3 ist die **Hochzahl** (Exponent) dieser Potenz.

Rechengesetze

Für die Multiplikation gelten folgende Rechengesetze:

Vertauschungsgesetz (Kommutativgesetz)

In Produkten dürfen die Faktoren vertauscht werden:

$3 \cdot 6 = 6 \cdot 3$

Verbindungsgesetz (Assoziativgesetz)

In Produkten aus mehreren Faktoren dürfen beliebig Klammern gesetzt oder weggelassen werden:

$(2 \cdot 3) \cdot 4 = 2 \cdot (3 \cdot 4)$

Verteilungsgesetze (Distributivgesetze)

Eine Summe bzw. eine Differenz wird so mit einer Zahl multipliziert:

$3 \cdot (4 + 5) = 3 \cdot 4 + 3 \cdot 5$ $\quad$ $3 \cdot (10 - 2) = 3 \cdot 10 - 3 \cdot 2$

Eine Summe bzw. eine Differenz wird so durch eine Zahl dividiert:

$(24 + 64) : 8 = 24 : 8 + 64 : 8$ $\quad$ $(90 - 36) : 9 = 90 : 9 - 36 : 9$

Schriftliches Multiplizieren bzw. Dividieren

```
627 · 254
---------
 1254
  31350
   2508
---------
 159258
```

```
8375 : 5 = 1675
-5   — : 5 → 1
--
 33  — : 5 → 6
-30
---
  37 — : 5 → 7
 -35
 ---
   25 : 5 → 5
   25
   --
    0
```

3 KAPITEL

Alles über Maße und Gewichte – leicht verständlich gemacht

Längen werden mit Kilometer-Strecken (km), Meter-Strecken (m), Dezimeter-Strecken (dm), Zentimeter-Strecken (cm) und Millimeter-Strecken (mm) gemessen.
Wenn du Längenmaße in kleinere oder größere Längenmaße umwandelst, dann musst du die Umwandlungszahl beachten:

$$1\,\text{mm} \underset{:10}{\overset{\cdot 10}{\rightleftarrows}} 1\,\text{cm} \underset{:10}{\overset{\cdot 10}{\rightleftarrows}} 1\,\text{dm} \underset{:10}{\overset{\cdot 10}{\rightleftarrows}} 1\,\text{m}$$

$$1\,\text{cm} \underset{:100}{\overset{\cdot 100}{\rightleftarrows}} 1\,\text{m}$$

$$1\,\text{m} \underset{:1\,000}{\overset{\cdot 1\,000}{\rightleftarrows}} 1\,\text{km}$$

Längen

Umwandlungen

1. Schreibe die Länge mit dem kleineren Längenmaß.

a)	9 cm = ______ mm		b)	6 m = ______ cm	
	65 cm = ______ mm			11 m = ______ cm	
	5 dm = ______ cm			3 m = ______ dm	
	12 dm = ______ cm			14 m = ______ dm	
c)	8 km = ______ m		d)	230 km = ______ m	
	25 km = ______ m			5 m = ______ dm	
	140 km = ______ m			480 dm = ______ cm	
	6 505 km = ______ m			16 cm = ______ mm	

2. Schreibe die Länge mit dem größeren Längenmaß.

a)	150 mm = ______ cm		b)	1 800 cm = ______ m	
	70 mm = ______ cm			500 cm = ______ m	
	230 cm = ______ dm			6 000 m = ______ km	
	80 cm = ______ dm			32 000 m = ______ km	
c)	200 dm = ______ m		d)	3 000 m = ______ km	
	90 dm = ______ m			600 dm = ______ m	
	15 000 m = ______ km			700 cm = ______ m	
	210 000 m = ______ km			80 mm = ______ cm	

Schreibweisen

TIPPS + HILFEN!

Längen werden mit Komma, mit zwei Längenmaßen oder mit einem Längenmaß geschrieben. Das Komma steht zwischen

1. Kilometer und Meter,
2. Meter und Zentimeter bzw. Dezimeter,
3. Zentimeter und Millimeter.

1. 12,5 km = 12 km 500 m = 12 500 m

   Die Ziffern vor dem Komma geben die Kilometer, die Ziffern nach dem Komma die Meter an. Die Endnullen kann man bei der Kommaschreibweise weglassen: 12,5 km = 12,500 km

2. 0,68 m = 0 m 68 cm = 68 cm

   Die Ziffern vor dem Komma geben die Meter, die Ziffern nach dem Komma die Zentimeter an. Die Nullen vor dem Komma müssen immer geschrieben werden: 0,68 m = 68 cm

3. 4,6 cm = 4 cm 6 mm = 46 mm

   Die Ziffern vor dem Komma geben die Zentimeter, die Ziffern nach dem Komma die Millimeter an.

1. Schreibe die Länge zuerst mit zwei Längenmaßen, dann mit einem.

a)
5,8 cm = ______________ = ________
32,1 cm = ______________ = ________
8,5 m = ______________ = ________

b)
2,650 km = ______________ = ________
105,3 km = ______________ = ________
0,060 km = ______________ = ________

2. Schreibe die Längen mit Komma.

a)
6 cm 5 mm = ________
17 cm = ________
80 cm 2 mm = ________

b)
162 m 80 cm = ________
8 km 500 m = ________
16 km 20 m = ________

c)
5 mm = ________ cm
70 cm = ________ m
300 m = ________ km

d)
25 mm = ________ cm
34 cm = ________ m
816 cm = ________ m

ZUSAMMENFASSUNG!

Früher haben die Menschen mit natürlichen Längenmaßen gemessen; zum Beispiel mit der Handspanne (ca. 25 cm), dem Fuß (ca. 32 cm), der Elle (ca. 60 cm) oder der Schrittlänge (ca. 75 cm). Weil diese Maße nicht einheitlich sind, gab es oft Streit.

Erst im Jahre 1872 wurde das Längenmaß „Meter" in Deutschland eingeführt. Der „Urmeter", ein 1 m langer Platinstab, wird in Paris aufbewahrt. Von ihm sind alle Längenmaße ursprünglich abgeleitet.

Längenmaße

Sehr kleine Längen werden in Millimetern (mm), kleine Längen in Zentimetern (cm) und Dezimetern (dm), große Längen in Metern (m) und sehr große Längen in Kilometern (km) gemessen.

Umwandlungszahlen

Bei den Längen gibt es zwei Umwandlungszahlen:
Die Umwandlungszahl von mm in cm, von cm in dm und von dm in m ist 10.
Die Umwandlungszahl von m in km ist 1 000.

$$1\text{ mm} \xrightarrow{\cdot 10} 1\text{ cm} \xrightarrow{\cdot 10} 1\text{ dm} \xrightarrow{\cdot 10} 1\text{ m} \xrightarrow{\cdot 1000} 1\text{ km}$$

10 mm = 1 cm	1 000 m = 1 km	100 cm = 1 m
10 cm = 1 dm		
10 dm = 1 m		

Kommaschreibweise

Längenangaben werden oft mit einem Komma geschrieben. Wenn dich das Komma stört, kannst du die Kommazahl in die nächstkleinere Einheit umwandeln. Das Komma trennt immer benachbarte Längenmaße:

Kilometer und Meter	6,768 km	= 6 km 768 m	= 6 768 m
Meter und Zentimeter	1,75 m	= 1 m 75 cm	= 175 cm
Zentimeter und Millimeter	9,3 cm	= 9 cm 3 mm	= 93 mm

Formeln

Die Formel zur Berechnung des Umfangs (u) eines Rechtecks ist:
zweimal die Seitenlänge a plus zweimal die Seitenlänge b (➤ auch S. 77)

$u = 2 \cdot a + 2 \cdot b$

TEST

Schreibe die Länge mit dem kleineren Längenmaß.

7 cm =	____	mm	3 m =	____	cm
33 cm =	____	mm	8 m =	____	dm
5 dm =	____	cm	4 km =	____	m
12 dm =	____	cm	52 km =	____	m

Schreibe die Länge mit dem größeren Längenmaß.

90 mm =	____	cm	600 dm =	____	m
600 cm =	____	m	5 000 m =	____	km
1 400 cm =	____	m	27 000 m =	____	km
70 dm =	____	m	316 000 m =	____	km

Schreibe die Länge zuerst mit zwei Längenmaßen, dann mit einem Längenmaß.

15,6 cm =	____	=	____
7,03 m =	____	=	____
0,645 km =	____	=	____
4,8 km =	____	=	____

Schreibe die Länge mit Komma.

4 cm 8 mm =	____	0 km 900 m =	____
9 m 3 cm =	____	7 km 300 m =	____
12 m 6 dm =	____	21 km 80 m =	____
2 km 50 m =	____	130 km 5 m =	____

Von 28 Aufgaben habe ich ____ Aufgaben richtig gelöst.

Flächeninhalte

Die Größe einer Fläche (Flächeninhalt) wird mit Einheitsflächen gemessen.

Eine Einheitsfläche ist zum Beispiel die Fläche eines Quadrates mit 1 cm Seitenlänge. Sein Flächeninhalt beträgt einen Quadratzentimeter (1 cm^2).

Mit sechs Zentimeter-Quadraten lassen sich verschiedene gleichgroße Flächen zeichnen. Jede Fläche hat den **Flächeninhalt A = 6 cm^2.**

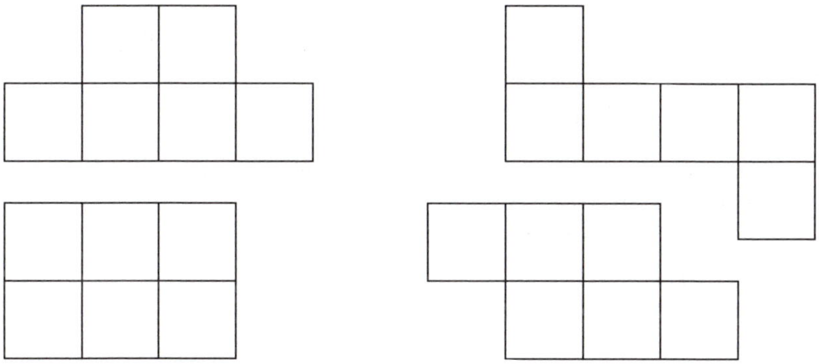

Umwandlungen

1. Fatih hat verschiedene Figuren gelegt. Welche Figuren haben denselben Flächeninhalt, welche verschiedene Flächeninhalte?

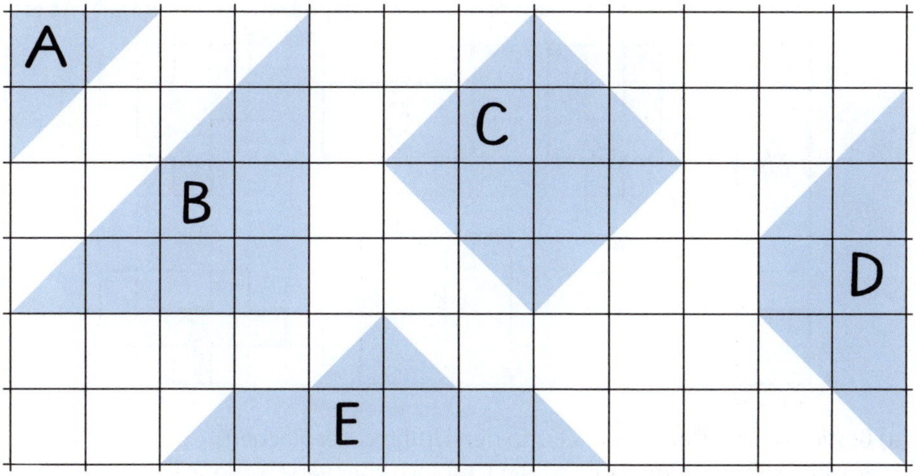

Fläche	A	B	C	D	E
Flächeninhalt					

UNBEDINGT MERKEN!

Jede Fläche wird von einer Randlinie begrenzt. Die Länge der Randlinie heißt Umfang. Mit zehn Streichhölzern kann man zum Beispiel vier, fünf oder sechs eingeschlossene Quadrate legen.

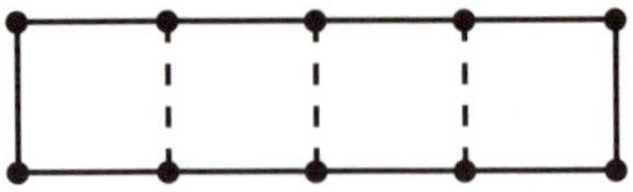

Das bedeutet:
Flächen mit demselben Umfang können verschiedene Flächeninhalte haben.

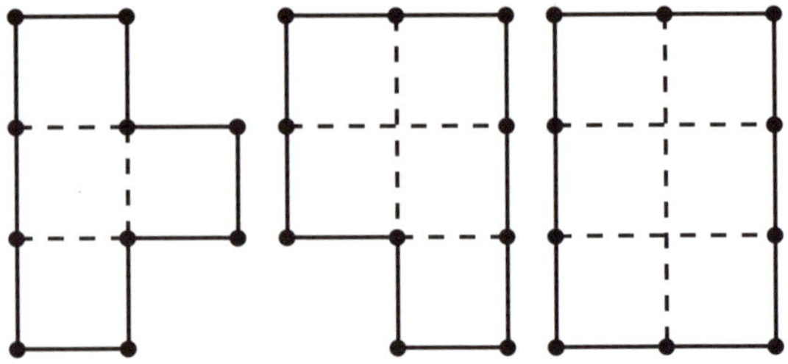

Acht eingeschlossene Quadrate kann man zum Beispiel mit 14, 16 oder 18 Streichhölzern legen.

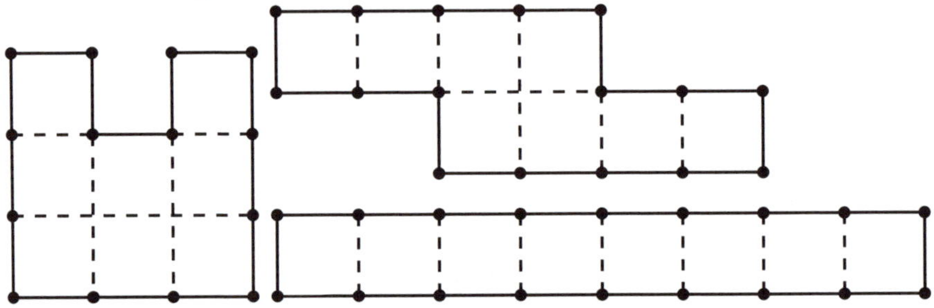

Das bedeutet:
Flächen mit verschiedenen Umfängen können denselben Flächeninhalt haben.

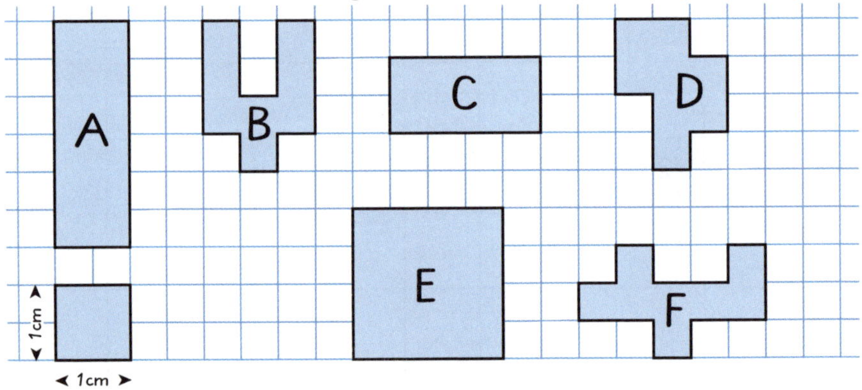

a) Bestimme den Flächeninhalt und den Umfang der Flächen.
b) Welche Flächen haben denselben Umfang, aber verschiedene Flächeninhalte?
c) Welche Flächen haben verschiedene Umfänge, aber denselben Flächeninhalt?

Flächen	A	B	C	D	E	F
Flächeninhalt						
Umfang						

TIPPS + HILFEN!

Für das Umwandeln von Flächenmaßen gilt:

❶ Wandelst du in das nächstkleinere Flächenmaß um, so vergrößert sich die Maßzahl. Sie wird mit 100 multipliziert.

❷ Wandelst du in das nächstgrößere Flächenmaß um, so verkleinert sich die Maßzahl. Sie wird durch 100 dividiert.

❶ 7 km^2 = 700 ha 2 ha = 200 a 8 a = 800 m^2 5 dm^2 = 500 cm^2

❷ 500 mm^2 = 5 cm^2 700 cm^2 = 7 dm^2 900 dm^2 = 9 m^2 600 m^2 = 6 a

1. Wandle um in das nächstkleinere Flächenmaß.

a) 7 dm^2 = ______ cm^2
18 dm^2 = ______ cm^2
3 ha = ______ a
25 ha = ______ a

b) 9 a = ______ m^2
34 a = ______ m^2
1 km^2 = ______ ha
100 km^2 = ______ ha

c) 6 cm^2 = ______ mm^2
80 cm^2 = ______ mm^2
5 m^2 = ______ dm^2
50 m^2 = ______ dm^2

d) 200 a = ______ m^2
350 ha = ______ a
270 km^2 = ______ ha
1 000 km^2 = ______ ha

2. Wandle um in das nächstgrößere Flächenmaß.

a) 1 400 a = ______ ha
37 000 a = ______ ha
4 500 m^2 = ______ a
68 000 m^2 = ______ a

b) 8 500 ha = ______ km^2
63 000 ha = ______ km^2
7 000 cm^2 = ______ dm^2
200 000 cm^2 = ______ dm^2

c) 9 000 mm^2 = ______ cm^2
16 000 cm^2 = ______ dm^2
70 000 dm^2 = ______ m^2
4 000 m^2 = ______ a

d) 5 400 dm^2 = ______ m^2
280 000 m^2 = ______ a
8 000 a = ______ ha
96 000 ha = ______ km^2

Schreibweisen

UNBEDINGT MERKEN!

Kleine Flächen werden in Quadratmillimetern (mm²) und Quadratzentimetern (cm²) gemessen. Größere Flächen werden in Quadratdezimetern (dm²) und Quadratmetern (m²) gemessen. Noch größere Flächen werden in Ar (a) und Hektar (ha) gemessen. Sehr große Flächen werden in Quadratkilometern (km²) gemessen.

Flächenmaß	Zusammenhang zwischen den Flächenmaßen	
1 mm²		
1 cm²	$1\ cm^2 \underset{:100}{\overset{\cdot 100}{\rightleftarrows}} 100\ mm^2$	
1 dm²	$1\ dm^2 \underset{:100}{\overset{\cdot 100}{\rightleftarrows}} 100\ cm^2$	
1 m²	$1\ m^2 \underset{:100}{\overset{\cdot 100}{\rightleftarrows}} 100\ dm^2$	
1 a	$1\ a \underset{:100}{\overset{\cdot 100}{\rightleftarrows}} 100\ m^2$	
1 ha	$1\ ha \underset{:100}{\overset{\cdot 100}{\rightleftarrows}} 100\ a$	
1 km²	$1\ km^2 \underset{:100}{\overset{\cdot 100}{\rightleftarrows}} 100\ ha$	

Die Umwandlungszahl bei den Flächenmaßen ist immer 100.

1. Ordne den Flächen den passenden Flächeninhalt zu.
70 a, 25 m², 6 cm², 160 km², 5 ha, 12 dm²

Eine Briefmarke ist ________ groß.
Ein Wohnzimmer ist ______ groß.
Ein Wandbild ist __________ groß.
Ein Bauplatz ist ___________ groß.
Ein großer See ist _________ groß.
Ein Getreidefeld ist _______ groß.

TIPPS + HILFEN!

Flächengrößen werden mit Komma, mit zwei Flächenmaßen oder mit einem Flächenmaß geschrieben. Das Komma trennt Quadratkilometer und Hektar, Hektar und Ar, Ar und Quadratmeter, Quadratmeter und Quadratdezimeter, Quadratdezimeter und Quadratzentimeter, Quadratzentimeter und Quadratmillimeter. Eine Tabelle hilft dir bei den verschiedenen Schreibweisen:

km^2		ha		a		m^2		dm^2		cm^2		mm^2		Schreibweisen für dieselbe Flächengröße
	2	5	6											$2,56\ km^2 = 2\ km^2\ 56\ ha = 256\ ha$
			3	8	9									$3,89\ ha = 3\ ha\ 89\ a = 389\ a$
					4	2								$4,2\ a = 4\ a\ 20\ m^2 = 420\ m^2$
							0	5	8					$0,58\ m^2 = 0\ m^2\ 58\ dm^2 = 58\ dm^2$
									6	0	3			$6,03\ dm^2 = 6\ dm^2\ 3\ cm^2 = 603\ cm^2$
											8	3	7	$8,37\ cm^2 = 8\ cm^2\ 37\ mm^2 = 837\ mm^2$

1. Schreibe die Flächengröße zuerst mit zwei, dann mit einem Flächenmaß.

a) $3,08\ km^2$ = ______________________ = ____________
$25,6\ km^2$ = ______________________ = ____________
$8,5\ ha$ = ______________________ = ____________
$31,79\ ha$ = ______________________ = ____________

b) $6,23\ a$ = ______________________ = ____________
$30,04\ a$ = ______________________ = ____________
$0,6\ m^2$ = ______________________ = ____________
$15,02\ m^2$ = ______________________ = ____________

c) $40,3\ dm^2$ = ______________________ = ____________
$2,62\ dm^2$ = ______________________ = ____________
$17,4\ cm^2$ = ______________________ = ____________
$0,01\ cm^2$ = ______________________ = ____________

2. Schreibe die Flächengröße mit Komma.

a) $62\ m^2\ 25\ dm^2$ = ________ m^2
$5\ m^2\ 30\ dm^2$ = ________ m^2
$8\ km^2\ 17\ ha$ = ________ km^2

b) $12\ ha\ 15\ a$ = ________ ha
$3\ ha\ 4\ a$ = ________ ha
$6\ dm^2\ 13\ cm^2$ = ________ dm^2

c) $24\ a\ 7\ m^2$ = ________ a
$9\ a\ 60\ m^2$ = ________ a
$40\ cm^2\ 8\ mm^2$ = ________ cm^2

d) $41\ a$ = ________ ha
$2\ m^2$ = ________ a
$15\ cm^2$ = ________ dm^2

Berechnungen am Rechteck

Flächeninhalt und Umfang

UNBEDINGT MERKEN!

Jedes Rechteck kann man sich aus gleich großen Streifen zusammengesetzt denken. Zum Beispiel lässt sich ein Rechteck mit den Seitenlängen 4 cm und 3 cm aus vier Längsstreifen zu je 3 Zentimeterquadraten ❶ oder aus drei Querstreifen zu je 4 Zentimeterquadraten zusammensetzen ❷.

❶

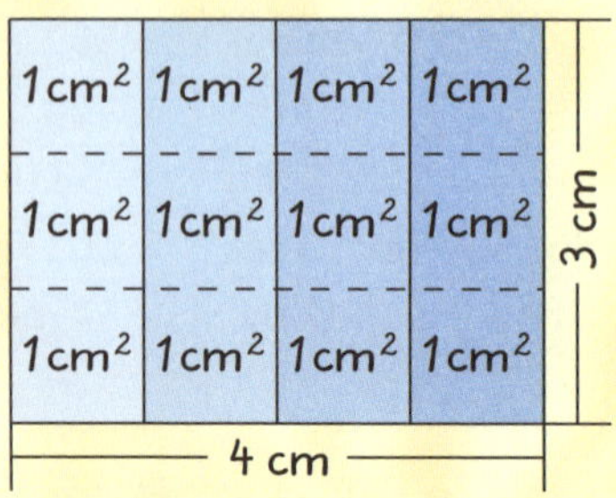

Anzahl der Zentimeterquadrate:
$4 \cdot 3 = 12$
Flächeninhalt: $4 \cdot 3\ \text{cm}^2 = 12\ \text{cm}^2$

❷

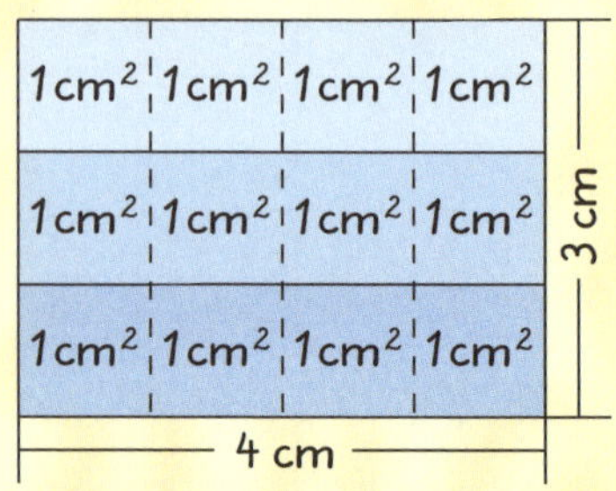

Anzahl der Zentimeterquadrate:
$3 \cdot 4 = 12$
Flächeninhalt: $3 \cdot 4\ \text{cm}^2 = 12\ \text{cm}^2$

Den Flächeninhalt **A** eines Rechtecks kannst du so berechnen:

1. Schritt: Seitenlängen messen (mit gleichem Längenmaß)	4 cm, 3 cm
2. Schritt: Maßzahlen der Längen miteinander multiplizieren	$4 \cdot 3 = 12$
3. Schritt: das zum Längenmaß passende Flächenmaß notieren	$12\ \text{cm}^2$

Die Formel für den Flächeninhalt eines Rechtecks heißt: $\mathbf{A = a \cdot b}$

1. Wie verändert sich der Flächeninhalt des Rechtecks ($a = 4$ cm, $b = 8$ cm), wenn

a) die Länge einer Seite verdoppelt wird?
b) die Länge einer Seite halbiert wird?

Antworten: ______________________________

____

UNBEDINGT MERKEN!

Der Umfang eines Rechtecks (u) ist die Gesamtlänge der vier Seiten. Die Formel heißt: $\mathbf{u = 2 \cdot a + 2 \cdot b}$

Wenn du den Flächeninhalt und den Umfang der quadratischen Formate berechnest, kannst du spezielle Formeln anwenden:

Flächeninhalt eines Quadrates: $\mathbf{A = a \cdot a = a^2}$

Umfang eines Quadrates: $\mathbf{u = a + a + a + a = 4 \cdot a}$

1. Ein Bilderservice bietet verschiedene rechteckige und quadratische Bilderformate an. Berechne den Flächeninhalt A und den Umfang u der Formate.

Bildformat	A	u
9 cm × 9 cm		
9 cm × 11 cm		
9 cm × 13 cm		
10 cm × 10 cm		
10 cm × 13 cm		
10 cm × 15 cm		
13 cm × 13 cm		
13 cm × 18 cm		
18 cm × 24 cm		
20 cm × 20 cm		
20 cm × 30 cm		
24 cm × 30 cm		
30 cm × 30 cm		
30 cm × 40 cm		
30 cm × 45 cm		
40 cm × 60 cm		
50 cm × 50 cm		
50 cm × 75 cm		

1. Fülle die Lücken aus.

Seitenlänge a	9 cm		12 cm	11 cm
Seitenlänge b	6 cm	7 cm		21 cm
Flächeninhalt A		63 cm²	96 cm²	

2. Fülle die Lücken aus.

Seitenlänge a	13 cm	15 cm		4,5 m
Seitenlänge b	7 cm		25 m	
Umfang u		46 cm	120 m	28 m

ZUSAMMENFASSUNG!

Die Größe von Flächen wird immer in Quadraten angegeben. Die üblichen Flächenmaße (Quadrateinheiten) sind nach Längenmaßen benannt.

Flächenmaße

Kleine Flächen werden in Quadratmillimetern (mm^2) und Quadratzentimetern (cm^2), größere Flächen in Quadratdezimetern (dm^2) und Quadratmetern (m^2), noch größere Flächen in Ar (a) und Hektar (ha) und sehr große Flächen in Quadratkilometern (km^2) gemessen.

Umwandlungszahlen

Die Umwandlungszahl bei Flächenmaßen ist immer 100.

$$1\ mm^2 \xrightarrow{\cdot 100} 1\ cm^2 \xrightarrow{\cdot 100} 1\ dm^2 \xrightarrow{\cdot 100} 1\ m^2 \xrightarrow{\cdot 100} 1\ a \xrightarrow{\cdot 100} 1\ ha \xrightarrow{\cdot 100} 1\ km^2$$

Kommaschreibweise

Die Flächengröße wird oft mit einem Komma geschrieben. Wenn dich das Komma beim Rechnen stört, kannst du die Kommazahl in die nächstkleinere Einheit umwandeln. Das Komma steht immer zwischen benachbarten Einheiten:

Quadratkilometer und Hektar: $0{,}5\ km^2 = 0\ km^2\ 50\ ha = 50\ ha$
Hektar und Ar: 25,03 ha = 25 ha 3 a = 2 503 a
Ar und Quadratmeter: $2{,}6\ a = 2\ a\ 60\ m^2 = 260 m^2$
Quadratmeter und Quadratdezimeter: $8{,}4\ m^2 = 8\ m^2\ 40\ dm^2 = 840\ dm^2$
Quadratdezimeter und Quadratzentimeter:
$0{,}1\ dm^2 = 0\ dm^2\ 10\ cm^2 = 10\ cm^2$
Quadratzentimeter und Quadratmillimeter:
$9{,}3\ cm^2 = 9\ cm^2\ 30\ mm^2 = 930\ mm^2$

Formeln

Die Formel zur Berechnung des Umfangs (u) vom Rechteck ist:
zweimal die Seitenlänge a plus zweimal die Seitenlänge b.
$\mathbf{u = 2 \cdot a + 2 \cdot b}$

Die Formel zur Berechnung des Flächeninhalts (A) vom Rechteck ist:
Seitenlänge a mal Seitenlänge b.
$\mathbf{A = a \cdot b}$

Die Formel zur Berechnung der Oberfläche (O) eines Quaders ist:
zweimal den Flächeninhalt A_1 plus zweimal den Flächeninhalt A_2 plus zweimal den Flächeninhalt A_3.
$\mathbf{O = 2 \cdot (a \cdot b) + 2 \cdot (a \cdot c) + 2 \cdot (b \cdot c)}$

TEST

Wandle um in das nächstkleinere Flächenmaß.

$3\ cm^2$ = ______ mm^2		$2\ km^2$ = ______ ha	
17 ha = ______ a		$8\ m^2$ = ______ dm^2	
$21\ m^2$ = ______ dm^2		$15\ cm^2$ = ______ mm^2	
40 a = ______ m^2		3 ha = ______ a	

Wandle um in das nächstgrößere Flächenmaß.

7 300 ha = ______ km^2	$800\ mm^2$ = ______ cm^2
$700\ m^2$ = ______ a	$1\ 000\ dm^2$ = ______ m^2
14 000 a = ______ ha	$9\ 000\ m^2$ = ______ a
$500\ cm^2$ = ______ dm^2	18 000 ha = ______ km^2

Schreibe die Flächengröße zuerst mit zwei Flächenmaßen, dann mit einem Flächenmaß.

$7{,}02\ km^2$ = ____________________ = ____________

12,3 ha = ____________________ = ____________

$5{,}42\ cm^2$ = ____________________ = ____________

$10{,}8\ m^2$ = ____________________ = ____________

3,08 a = ____________________ = ____________

$15{,}2\ dm^2$ = ____________________ = ____________

Schreibe die Flächengröße mit Komma.

$2\ m^2\ 50\ dm^2$ = ______	19 a $23\ m^2$ = ______
16 ha 2 a = ______	$2\ cm^2\ 5\ mm^2$ = ______
$3\ km^2$ 51 ha = ______	$30\ dm^2\ 9\ cm^2$ = ______

Von 28 Aufgaben habe ich ______ Aufgaben richtig gelöst.

Rauminhalte

Die Größe eines Körpers (Rauminhalt) wird mit „Einheitskörpern“ gemessen. Ein „Einheitskörper“ ist zum Beispiel der Körper eines Würfels mit 1 cm Kantenlänge. Sein Rauminhalt beträgt einen Kubikzentimeter (1 cm^3).

Mit acht Zentimeter-Würfeln lassen sich verschiedene gleich große Körper bauen. Jeder Körper hat den **Rauminhalt V = 8 cm^3.**

Umwandlungen

1. Esra hat verschiedene Körper gebaut. Welche Körper haben denselben Rauminhalt, welche haben verschiedene Rauminhalte?

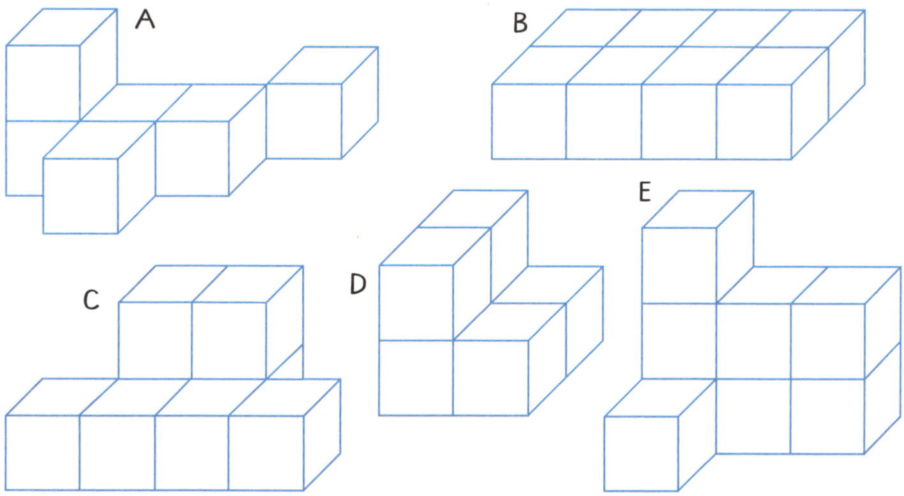

UNBEDINGT MERKEN!

Große Körper werden in Kubikmeter (m^3), kleinere Körper in Kubikdezimeter (dm^3), noch kleinere Körper in Kubikzentimeter (cm^3) und sehr kleine Körper in Kubikmillimeter (mm^3) gemessen.

Raummaß	Würfel mit der Kantenlänge	Zusammenhang zwischen den Raummaßen	
1 mm^3	1 mm	· 1 000 ↓ 1 mm^3 ↑ : 1 000	
1 cm^3	1 cm	· 1 000 ↓ 1 cm^3 ↑ : 1 000	1 000 mm^3 = 1 cm^3
1 dm^3	1 dm	· 1 000 ↓ 1 dm^3 ↑ : 1 000	1 000 cm^3 = 1 dm^3
1 m^3	1 m	· 1 000 ↓ 1 m^3 ↑ : 1 000	1 000 dm^3 = 1 m^3

Die Umwandlungszahl bei den Raummaßen ist immer 1 000.

1. Ordne das passende Raummaß zu: 80 dm^3, 823 m^3, 180 mm^3, 23 cm^3

Eine Streichholzschachtel ist ______________ groß.
Ein Einfamilienhaus ist ______________ groß.
Ein Streichholz ist ______________ groß.
Ein Aquarium ist ______________ groß.

2. Trage die fehlenden Pfeile ein.

a)

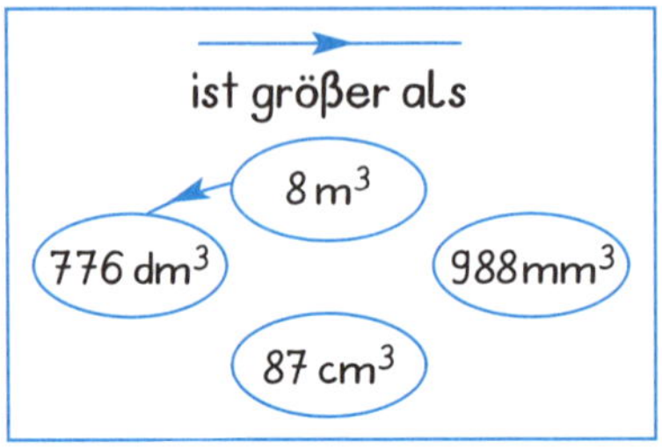

b)

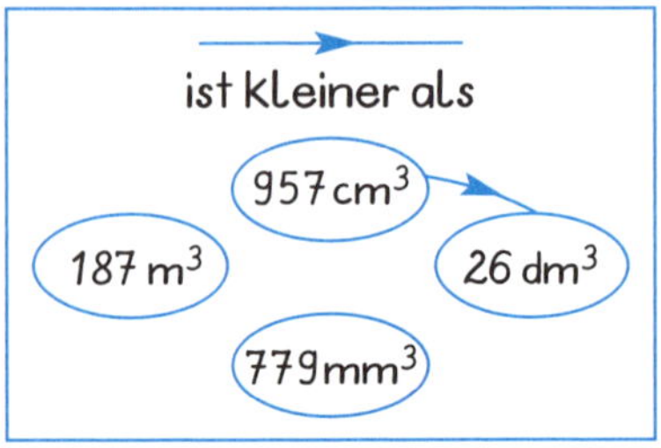

3. Ordne die Rauminhalte aus Aufgabe 2 a) der Größe nach.

$8\text{ m}^3 >$ ______________ $>$ ______________ $>$ ______________

TIPPS + HILFEN!

Für das Umwandeln von Raummaßen gilt:

❶ Wandelst du in das nächstkleinere Raummaß um, so vergrößert sich die Maßzahl. Sie wird mit 1 000 multipliziert.

❷ Wandelst du in das nächstgrößere Raummaß um, so verkleinert sich die Maßzahl. Sie wird durch 1 000 dividiert.

❶ $3\text{ m}^3 \overset{\cdot 1\,000}{=} 3\,000\text{ dm}^3$ $\quad 7\text{ dm}^3 \overset{\cdot 1\,000}{=} 7\,000\text{ cm}^3$ $\quad 5\text{ cm}^3 \overset{\cdot 1\,000}{=} 5\,000\text{ mm}^3$

❷ $4\,000\text{ m}^3 \overset{:1\,000}{=} 4\text{ cm}^3$ $\quad 6\,000\text{ cm}^3 \overset{:1\,000}{=} 6\text{ dm}^3$ $\quad 8\,000\text{ dm}^3 \overset{:1\,000}{=} 8\text{ m}^3$

4. Wandle um in das nächstkleinere Raummaß.

a) $5\text{ m}^3 =$ ______________ dm^3
$23\text{ m}^3 =$ ______________ dm^3

b) $30\text{ dm}^3 =$ ______________ cm^3
$8\text{ dm}^3 =$ ______________ cm^3

c) $7\text{ cm}^3 =$ ______________ mm^3
$16\text{ cm}^3 =$ ______________ mm^3

d) $28\text{ cm}^3 =$ ______________ mm^3
$32\text{ m}^3 =$ ______________ dm^3

1. Wandle um in das nächstgrößere Raummaß.

a) 7 000 dm^3 = ________ m^3
25 000 dm^3 = ________ m^3

b) 40 000 cm^3 = ________ dm^3
6 000 cm^3 = ________ dm^3

c) 9 000 mm^3 = ________ cm^3
15 000 mm^3 = ________ cm^3

d) 18 000 dm^3 = ________ m^3
13 000 mm^3 = ________ cm^3

UNBEDINGT MERKEN!

Die Maße Hektoliter (hl), Liter (l) und Milliliter (ml) verwendet man, um Inhalte von Behältern zu messen.
Die Inhalte von Fässern und Tanks werden in Hektoliter, die von Eimern und Kannen in Liter gemessen. Die Inhalte von Flaschen und Dosen, die weniger als einen Liter fassen, werden in Milliliter gemessen.

1 hl = 100 l
· 100
9 hl = 900 l
: 100
400 l = 4 hl

1 000 ml = 1 000 cm^3
· 1 000
6 l = 6 000 ml
: 1 000
2 000 ml = 2 l

1 ml = 1 cm^3
· 1 000
5 l = 5 000 cm^3
: 1 000
7 000 cm^3 = 7 l

2. Wandle um in das angegebene Raummaß.

a) 3 hl = ________ l
4 l = ________ ml
15 l = ________ cm^3

b) 700 l = ________ hl
8 000 ml = ________ l
19 000 cm^3 = ________ l

3. Berechne die Anzahl der Milchtüten, Eimer, Fässer und Heizöltanks.

Behälter: Liter	Milchtüten	Eimer	Fässer	Heizöltanks
Tanklastzug: 30 000 l				
Heizöltank: 3 000 l				
Fass: 100 l				
Eimer: 10 l				

Schreibweisen

TIPPS + HILFEN!
Raumgrößen werden mit Komma, mit zwei Raummaßen oder mit einem Raummaß geschrieben. Das Komma steht zwischen:
① Kubikmeter und Kubikdezimeter, ② Kubikdezimeter und Kubikzentimeter, ③ Kubikzentimeter und Kubikmillimeter sowie ④ Liter und Milliliter.

m^3		dm^3 (ℓ)			cm^3(ml)			mm^3			Schreibweisen für dieselbe Raumgröße
	2	5	0	3							① 2,503 m^3 = 2 m^3 503 dm^3 = 2 503 dm^3
				0	0	6	0				② 0,06 dm^3 = 0 dm^3 60 cm^3 = 60 cm^3
							8	3			③ 8,3 cm^3 = 8 cm^3 300 mm^3 = 8 300 mm^3
				6	2	3	9				④ 6,239 ℓ = 6 ℓ 239 ml = 6 239 ml

1. Schreibe die Raumgröße zuerst mit zwei Raummaßen, dann mit einem Raummaß.

a) 12,048 m^3 = ______________________ = ____________
3,7 m^3 = ______________________ = ____________
130,03 m^3 = ______________________ = ____________
60,007 dm^3 = ______________________ = ____________

b) 2,508 dm^3 = ______________________ = ____________
280,2 cm^3 = ______________________ = ____________
3,812 cm^3 = ______________________ = ____________
72,54 cm^3 = ______________________ = ____________

c) 2,1 ℓ = ______________________ = ____________
8,03 ℓ = ______________________ = ____________
15,567 ℓ = ______________________ = ____________
90,008 ℓ = ______________________ = ____________

2. Schreibe die Raumgröße mit Komma.

a) 212 m^3 3 dm^3 = ____________
7 m^3 300 dm^3 = ____________
71 m^3 80 dm^3 = ____________

b) 20 cm^3 905 mm^3 = ____________
2 cm^3 38 mm^3 = ____________
134 cm^3 2 mm^3 = ____________

c) 2 dm^3 17 cm^3 = ____________
80 dm^3 90 cm^3 = ____________
190 dm^3 800 cm^3 = ____________

d) 16 ℓ 2 ml = ____________
3 ℓ 75 ml = ____________
120 ℓ 310 ml = ____________

UNBEDINGT MERKEN!

Jeden Quader kann man sich aus gleich großen Platten zusammengesetzt denken. Zum Beispiel lässt sich ein Quader mit den Kantenlängen 4 cm, 3 cm und 2 cm aus zwei Platten zusammensetzen. In jede Platte passen 4 · 3, also 12 Zentimeter-Würfel. Dann passen in diesen Quader 2 · 12, also 24 Zentimeter-Würfel.

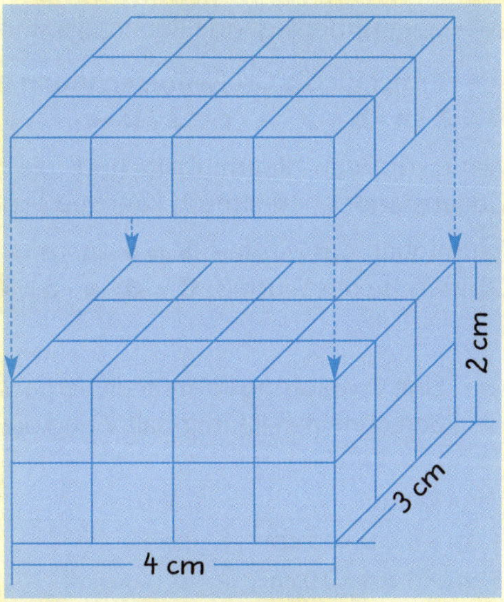

Platte:
Anzahl der Zentimeter-Würfel:
$4 \cdot 3 = 12$
Rauminhalt: $4 \cdot 3\ cm^3 = 12\ cm^3$

Quader:
Anzahl der Platten: 2
Rauminhalt: $2 \cdot 12\ cm^3 = 24\ cm^3$

Den Rauminhalt (V) eines Quaders kannst du so berechnen:

1. Schritt: Kantenlängen messen (mit gleichem Längenmaß)
   4 cm, 3 cm, 2 cm
2. Schritt: Maßzahlen der Längen miteinander multiplizieren
   $4 \cdot 3 \cdot 2 = 24$
3. Schritt: das zum Längenmaß passende Raummaß notieren
   $24\ cm^3$

Die Formel für den Rauminhalt eines Quaders heißt: $\mathbf{V = a \cdot b \cdot c}$

1. Wie verändert sich der Rauminhalt des Quaders (5 cm, 4 cm, 3 cm), wenn

a) eine Kantenlänge verdoppelt wird?
b) zwei Kantenlängen verdoppelt werden?

Antworten: ______________________________

____

Berechnungen am Quader

Rauminhalt und Oberfläche

UNBEDINGT MERKEN!

Die Oberfläche eines Quaders besteht aus sechs rechteckigen Flächen. Je zwei gegenüberliegende Rechtecke sind gleich groß.

Die Formel für die Größenberechnung der Oberfläche heißt:

$\mathbf{O = 2 \cdot a \cdot b + 2 \cdot a \cdot c + 2 \cdot b \cdot c}$

Wenn du den Rauminhalt und die Oberfläche eines würfelförmigen Gegenstandes berechnest, kannst du spezielle Formeln anwenden:

Rauminhalt des Würfels: $\mathbf{V = a \cdot a \cdot a = a^3}$

Oberfläche des Würfels: $\mathbf{O = 6 \cdot a \cdot a = 6 \cdot a^2}$

1. Eine Verpackungsfirma stellt Verpackungen in verschiedenen Größen her. Berechne den Rauminhalt V und die Oberfläche O der Verpackungen.

Verpackung	V	O
4 cm × 4 cm × 5 cm		
5 cm × 5 cm × 10 cm		
6 cm × 6 cm × 6 cm		
8 cm × 5 cm × 12 cm		
2 dm × 2 dm × 2 dm		
4 dm × 2 dm × 1 dm		
4 dm × 4 dm × 4 dm		
5 dm × 3 dm × 2 dm		

2. Berechne den Rauminhalt.

Kantenlänge a	4 cm	3 dm	2 m	20 m
Kantenlänge b	5 cm	3 dm	3 m	10 m
Kantenlänge c	6 cm	3 dm	8 m	2 m
Rauminhalt V				

3. Berechne die Oberfläche.

Kantenlänge a	5 cm	3 dm	1 m	2 m
Kantenlänge b	5 cm	4 dm	1 m	2 m
Kantenlänge c	5 cm	5 dm	1 m	2 m
Oberfläche O				

ZUSAMMENFASSUNG!

Die Größen von Körpern werden immer in Würfeln angegeben. Die üblichen Raummaße (Würfeleinheiten) sind nach den Längenmaßen benannt.

Raummaße

Sehr kleine Rauminhalte werden in Kubikmillimeter (mm^3), kleine Rauminhalte in Kubikzentimeter (cm^3) und in Kubikdezimeter (dm^3) und große Rauminhalte in Kubikmeter (m^3) gemessen.

Außerdem verwendet man die Maße Hektoliter (hl), Liter (l) und Milliliter (ml), um die Inhalte von Behältern zu messen.

Umwandlungszahlen

Die Umwandlungszahl bei Raummaßen ist 1 000.

$$1\,mm^3 \xrightarrow{\cdot 1\,000} 1\,cm^3 \xrightarrow{\cdot 1\,000} 1\,dm^3 \xrightarrow{\cdot 1\,000} 1\,m^3$$

Die Umwandlungszahl bei den Maßen hl, l und ml ist unterschiedlich.

$$1\,ml \xrightarrow{\cdot 1\,000} 1\,l \xrightarrow{\cdot 100} 1\,hl$$

(1 000 cm^3)

Kommaschreibweise

Rauminhalte werden oft mit einem Komma geschrieben. Wenn dich das Komma beim Rechnen stört, kannst du die Kommazahl in die nächstkleinere Einheit umwandeln. Das Komma trennt immer benachbarte Einheiten:

Kubikmeter und Kubikdezimeter:	0,567 m^3	= 0 m^3 567 dm^3	= 567 dm^3
Kubikdezimeter und Kubikzentimeter:	3,45 dm^3	= 3 dm^3 450 cm^3	= 3 450 cm^3
Kubikzentimeter und Kubikmillimeter:	2,345 cm^3	= 2 cm^3 345 mm^3	= 2 345 mm^3

Hektoliter und Liter:	5,07 hl	= 5 hl 7 l	= 507 l
Liter und Milliliter:	0,7 l	= 0 l 700 ml	= 700 ml

Formeln

Die Formel zur Berechnung des Rauminhalts (V) vom Quader ist:
Kantenlänge a mal Kantenlänge b mal Kantenlänge c.
V = a · b · c

Die Formel zur Berechnung der Oberfläche (O) eines Quaders ist:
zweimal den Flächeninhalt A_1 plus zweimal den Flächeninhalt A_2 plus zweimal den Flächeninhalt A_3.
O = 2 · (a · b) + 2 · (a · c) + 2 · (b · c)

TEST

⚀ Wandle um in das nächstkleinere Raummaß.

12 cm^3 =	______	mm^3	3 l =	______	cm^3
18 dm^3 =	______	cm^3	11 l =	______	ml
300 m^3 =	______	dm^3	9 hl =	______	l

⚁ Wandle um in das nächstgrößere Raummaß.

14 000 mm^3 =	______	cm^3	5 000 cm^3 =	______	l
18 000 cm^3 =	______	dm^3	14 000 ml =	______	l
450 000 dm^3 =	______	m^3	20 000 l =	______	hl

⚂ Schreibe die Raumgröße zuerst mit zwei Raummaßen, dann mit einem Raummaß.

400,2 cm^3 = ______________ = ______

50,08 dm^3 = ______________ = ______

16,543 m^3 = ______________ = ______

2,5 l = ______________ = ______

3,6 hl = ______________ = ______

⚃ Schreibe die Raumgröße mit Komma.

30 cm^3 547 mm^3 =	______	6 l 52 ml =	______
2 dm^3 75 cm^3 =	______	18 l 783 ml =	______
17 dm^3 5 cm^3 =	______	7 hl 80 l =	______
3 m^3 509 dm^3 =	______	10 hl 3 l =	______

Von 25 Aufgaben habe ich ______ Aufgaben richtig gelöst.

Gewichte

Gewichte werden in Tonnen (t), Kilogramm (kg), Gramm (g) und Milligramm (mg) gemessen.

Wenn du Gewichtsmaße in kleinere oder größere Gewichtsmaße umwandelst, dann musst du die Umwandlungszahl beachten:

$$1\,\text{mg} \underset{:1\,000}{\overset{\cdot 1\,000}{\rightleftarrows}} 1\,\text{g} \underset{:1\,000}{\overset{\cdot 1\,000}{\rightleftarrows}} 1\,\text{kg} \underset{:1\,000}{\overset{\cdot 1\,000}{\rightleftarrows}} 1\,\text{t}$$

Umwandlungen

1. Trage die fehlenden Pfeile ein.

a)

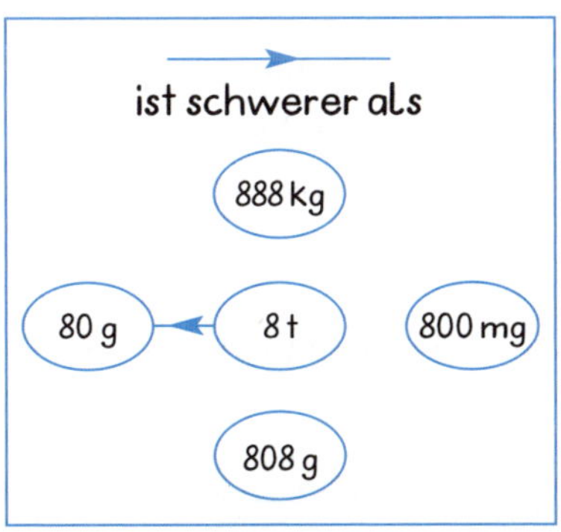

b)

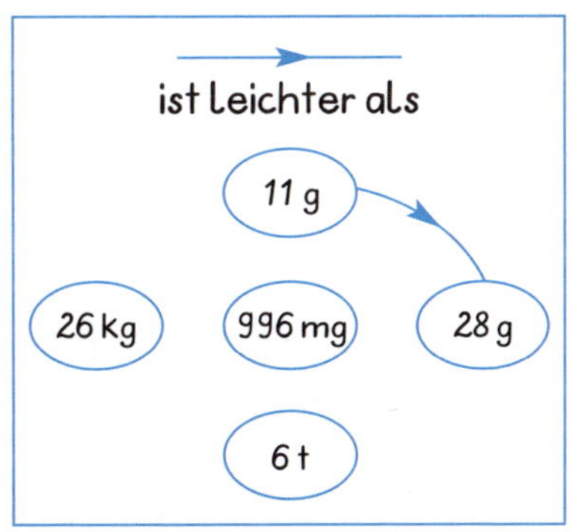

2. Schreibe das Gewicht mit dem kleineren Gewichtsmaß.

a)
8 g = ________ mg
3 kg = ________ g
21 kg = ________ g
$\frac{1}{4}$ kg = ________ g

b)
5 t = ________ kg
18 t = ________ kg
40 t = ________ kg
$\frac{1}{2}$ t = ________ kg

3. Schreibe das Gewicht mit dem größeren Gewichtsmaß.

a)
7 000 mg = ________ g
40 000 mg = ________ g
2 000 g = ________ kg
42 000 g = ________ kg

b)
20 000 g = ________ kg
8 000 kg = ________ t
35 000 kg = ________ t
70 000 kg = ________ t

Schreibweisen

TIPPS + HILFEN!

Gewichte werden mit Komma, mit zwei Gewichtsmaßen oder einem Gewichtsmaß geschrieben. Das Komma steht zwischen…
❶ Tonne und Kilogramm, ❷ Kilogramm und Gramm, ❸ Gramm und Milligramm.

❶ 16,482 t = 16 t 482 kg = 16 482 kg
Die Ziffern vor dem Komma geben die Tonnen, die Ziffern nach dem Komma die Kilogramm an.

❷ 0,205 kg = 0 kg 205 g = 205 g
Die Ziffern vor dem Komma geben die Kilogramm, die Ziffern nach dem Komma die Gramm an. Die Nullen vor dem Komma müssen immer geschrieben werden: 0,205 kg = 205 g

❸ 20,6 g = 20 g 600 mg = 20 600 mg
Die Ziffern vor dem Komma geben die Gramm, die Ziffern nach dem Komma die Milligramm an. Die Endnullen kann man bei der Kommaschreibweise weglassen: 20,6 g = 20 600 mg

1. Schreibe das Gewicht zuerst mit zwei Gewichtsmaßen, dann mit einem Gewichtsmaß.

a) 6,3 g = ____________________ = __________
23,7 g = ____________________ = __________
9,04 kg = ____________________ = __________

b) 2,1 t = ____________________ = __________
0,55 t = ____________________ = __________
18,603 t = ____________________ = __________

2. Schreibe das Gewicht mit Komma.

a) 5 g 900 mg = __________
17 g 80 mg = __________
6 kg 200 g = __________

b) 8 t 800 kg = __________
0 t 600 kg = __________
14 t 70 kg = __________

c) 20 mg = __________ g
200 mg = __________ g
35 g = __________ kg

d) 305 mg = __________ g
605 g = __________ kg
2 870 g = __________ kg

ZUSAMMENFASSUNG!

Früher wurde mit Quentchen, Lot, Unze und Pfund das Gewicht bestimmt. Das waren aber keine einheitlichen Maße.
Erst seit dem vorigen Jahrhundert gibt es in Deutschland einheitliche Gewichtsmaße.

Gebräuchlich sind immer noch das Pfund, der Zentner und der Doppelzentner. Sie werden aber heute einheitlich gebraucht:
1 Pfund = 0,5 kg   1 Zentner = 50 kg   1 Doppelzentner = 100 kg

Gewichtsmaße
Sehr kleine Gewichte werden in Milligramm (mg), kleine Gewichte in Gramm (g), große Gewichte in Kilogramm (kg) und sehr große Gewichte in Tonnen (t) gemessen.

Umwandlungszahl
Die Umwandlungszahl bei Gewichtsmaßen ist 1000.

$$1\,\text{mg} \xrightarrow{\cdot 1\,000} 1\,\text{g} \xrightarrow{\cdot 1\,000} 1\,\text{kg} \xrightarrow{\cdot 1\,000} 1\,\text{t}$$

Kommaschreibweise
Gewichte werden oft mit einem Komma geschrieben. Wenn dich das Komma beim Rechnen stört, dann kannst du die Kommazahl in die nächstkleinere Einheit umwandeln. Das Komma trennt immer benachbarte Einheiten:

Tonne und Kilogramm:	7,5 t	= 7 t 500 kg	= 7 500 kg
Kilogramm und Gramm:	6,543 kg	= 6 kg 543 g	= 6 543 g
Gramm und Milligramm:	4,006 g	= 4 g 6 mg	= 4 006 mg

TEST

⚀ Schreibe das Gewicht mit dem kleineren Gewichtsmaß.

5 g =	______ mg	2 t =	______ kg
8 kg =	______ g	27 t =	______ kg
63 kg =	______ g	50 t =	______ kg
$\frac{1}{2}$ kg =	______ g	$\frac{1}{4}$ t =	______ kg

⚁ Schreibe das Gewicht mit dem größeren Gewichtsmaß.

4 000 mg =	______ g	70 000 g =	______ kg
80 000 mg =	______ g	2 000 kg =	______ t
3 000 g =	______ kg	43 000 kg =	______ t
68 000 g =	______ kg	90 000 kg =	______ t

⚂ Schreibe das Gewicht zuerst mit zwei Gewichtsmaßen, dann mit einem Gewichtsmaß.

9,2 g = ______ = ______
15,08 kg = ______ = ______
0,8 t = ______ = ______
28,05 t = ______ = ______

⚃ Schreibe das Gewicht mit Komma.

6 g 300 mg =	______	80 mg =	______
23 kg 800 g =	______	560 g =	______
0 t 500 kg =	______	4 050 g =	______
41 t 3 kg =	______	9 081 kg =	______

Von 28 Aufgaben habe ich ______ Aufgaben richtig gelöst.

Zeit

Große Zeitspannen werden in Jahren, Monaten, Wochen und Tagen gemessen, kleinere Zeitspannen in Stunden (h), Minuten (min) und Sekunden (s).

Wenn du Zeitmaße in kleinere oder größere Zeitmaße umwandelst, dann musst du die Umwandlungszahl beachten:

$$1\,\text{s} \underset{:60}{\overset{\cdot 60}{\rightleftarrows}} 1\,\text{min} \underset{:60}{\overset{\cdot 60}{\rightleftarrows}} 1\,\text{h}$$

Womit du rechnen musst, wenn es genau sein soll:
1 Jahr hat 12 Monate bzw. 365 oder 366 Tage. 1 Monat hat 30 oder 31 (oder 28 oder 29) Tage. 1 Woche hat 7 Tage. 1 Tag hat 24 Stunden.

Womit du rechnen musst, wenn es nicht so genau sein muss:
1 Monat hat 30 Tage oder 4 Wochen. 1 Jahr hat 360 Tage.

Umwandlungen und Schreibweisen

1. Schreibe die Zeitspanne mit dem kleineren Zeitmaß.

a) 4 min = ______ s
20 min = ______ s
16 min = ______ s

b) 2 h = ______ min
10 h = ______ min
25 h = ______ min

c) $\frac{1}{2}$ min = ______ s
$\frac{1}{4}$ h = ______ min
$\frac{1}{2}$ h = ______ min

2. Schreibe die Zeitspanne mit dem größeren Zeitmaß.

a) 120 s = ____ min
2 400 s = ____ min
660 s = ____ min

b) 180 min = ____ h
660 min = ____ h
1 200 min = ____ h

c) 45 min = ____ h
30 min = ____ h
15 min = ____ h

3. Wandle in das kleinere Zeitmaß um.

> 9 min 37 s = 540 s + 37 s = 577 s
> 2 h 28 min = 120 min + 28 min = 148 min

a) 5 min 21 s = ____________________ = __________
8 min 6 s = ____________________ = __________
15 min 9 s = ____________________ = __________

b) 3 h 40 min = ____________________ = __________
6 h 35 min = ____________________ = __________
12 h 36 min = ____________________ = __________

Januar						
Wo	52	1	2	3	4	5
Mo		2	9	16	23	30
Di		3	10	17	24	31
Mi		4	11	18	25	
Do		5	12	19	26	
Fr		6	13	20	27	
Sa		7	14	21	28	
So	1	8	15	22	29	

Februar					
Wo		6	7	8	9
Mo		6	13	20	27
Di		7	14	21	28
Mi	1	8	15	22	
Do	2	9	16	23	
Fr	3	10	17	24	
Sa	4	11	18	25	
So	5	12	19	26	

März					
Wo		10	11	12	13
Mo		6	13	20	27
Di		7	14	21	28
Mi	1	8	15	22	29
Do	2	9	16	23	30
Fr	3	10	17	24	31
Sa	4	11	18	25	
So	5	12	19	26	

April					
Wo		14	15	16	17
Mo		3	10	17	24
Di		4	11	18	25
Mi		5	12	19	26
Do		6	13	20	27
Fr		7	14	21	28
Sa	1	8	15	22	29
So	2	9	16	23	30

Mai					
Wo	18	19	20	21	22
Mo	1	8	15	22	29
Di	2	9	16	23	30
Mi	3	10	17	24	31
Do	4	11	18	25	
Fr	5	12	19	26	
Sa	6	13	20	27	
So	7	14	21	28	

Juni					
Wo		23	24	25	26
Mo		5	12	19	26
Di		6	13	20	27
Mi		7	14	21	28
Do	1	8	15	22	29
Fr	2	9	16	23	30
Sa	3	10	17	24	
So	4	11	18	25	

Juli						
Wo		27	28	29	30	31
Mo		3	10	17	24	31
Di		4	11	18	25	
Mi		5	12	19	26	
Do		6	13	20	27	
Fr		7	14	21	28	
Sa	1	8	15	22	29	
So	2	9	16	23	30	

August					
Wo		32	33	34	35
Mo		7	14	21	28
Di	1	8	15	22	29
Mi	2	9	16	23	30
Do	3	10	17	24	31
Fr	4	11	18	25	
Sa	5	12	19	26	
So	6	13	20	27	

September					
Wo		36	37	38	39
Mo		4	11	18	25
Di		5	12	19	26
Mi		6	13	20	27
Do		7	14	21	28
Fr	1	8	15	22	29
Sa	2	9	16	23	30
So	3	10	17	24	

Oktober						
Wo		40	41	42	43	44
Mo		2	9	16	23	30
Di		3	10	17	24	31
Mi		4	11	18	25	
Do		5	12	19	26	
Fr		6	13	20	27	
Sa		7	14	21	28	
So	1	8	15	22	29	

November					
Wo		45	46	47	48
Mo		6	13	20	27
Di		7	14	21	28
Mi	1	8	15	22	29
Do	2	9	16	23	30
Fr	3	10	17	24	
Sa	4	11	18	25	
So	5	12	19	26	

Dezember					
Wo		49	50	51	52
Mo		4	11	18	25
Di		5	12	19	26
Mi		6	13	20	27
Do		7	14	21	28
Fr	1	8	15	22	29
Sa	2	9	16	23	30
So	3	10	17	24	31

1. Fülle aus. Der Jahreskalender hilft dir.

Monate mit 31 Tagen: ______________________________

____

Monate mit 30 Tagen: ______________________________

____

Monat mit 28 Tagen: ______________________________

____

2. Schreibe die Zeitspanne mit dem kleineren Zeitmaß.

a) $\frac{1}{2}$ Jahr = ________ Monate
$\frac{1}{4}$ Jahr = ________ Monate
$\frac{3}{4}$ Jahr = ________ Monate

b) 2 Jahre = ________ Monate
12 Jahre = ________ Monate
20 Jahre = ________ Monate

3. Schreibe die Zeitspanne mit dem größeren Zeitmaß.

a) 70 Tage = ______ Wochen
105 Tage = ______ Wochen

b) 24 Wochen = ______ Monate
96 Wochen = ______ Monate

c) 36 Monate = ______ Jahre
72 Monate = ______ Jahre

d) 3 Monate = ______ Jahr
6 Monate = ______ Jahr

Rechnen mit Zeitpunkten und Zeitspannen

TIPPS + HILFEN!

Beim Rechnen mit Zeitpunkten (Uhrzeiten, Daten) und Zeitspannen (Dauer von Vorgängen) gibt es drei Aufgabentypen:

1. Berechnung des Zeitpunktes am Ende einer Zeitspanne
2. Berechnung des Zeitpunktes am Anfang einer Zeitspanne
3. Berechnung der Zeitspanne zwischen den Zeitpunkten

16.18 Uhr —(+ 1 h 27 min)→ ? Uhr
16.18 Uhr —(+ 1 h 27 min)→ 17.45 Uhr
16.18 Uhr —(+ 1 h)→ 17.18 Uhr —(+ 27 min)→ 17.45 Uhr

13.00 Uhr —(- 5 h 15 min)→ ? Uhr
13.00 Uhr —(- 5 h 15 min)→ 7.45 Uhr
13.00 Uhr —(- 5 h)→ 8.00 Uhr —(- 15 min)→ 7.45 Uhr

14.20 Uhr —(+ ? min)→ 15.17 Uhr
14.20 Uhr —(+ 57 min)→ 15.17 Uhr
14.20 Uhr —(+ 40 min)→ 15.00 Uhr —(+ 17 min)→ 15.17 Uhr

1. Berechne den Zeitpunkt am Ende der Zeitspanne.

Beginn	Zeitspanne	Ende	Beginn	Zeitspanne	Ende
3.10 Uhr	+ 20 min →	____ Uhr	8.20 Uhr	+ 1 h 15 min →	____ Uhr

2. Berechne den Zeitpunkt am Ende der Zeitspanne.

a)
4.20 Uhr —(+ 33 min)→ ____ Uhr
16.23 Uhr —(+ 18 min)→ ____ Uhr
22.51 Uhr —(+ 19 min)→ ____ Uhr
6.47 Uhr —(+ 25 min)→ ____ Uhr

b)
5.30 Uhr —(+ 2 h 24 min)→ ____ Uhr
17.28 Uhr —(+ 4 h 27 min)→ ____ Uhr
24.00 Uhr —(+ 3 h 35 min)→ ____ Uhr
2.55 Uhr —(+ 5 h 12 min)→ ____ Uhr

1. Berechne den Zeitpunkt am Ende der Zeitspanne.

Beginn	Zeitspanne	Ende	Beginn	Zeitspanne	Ende
7.50 Uhr	- 37 min →	____ Uhr	16.30 Uhr	- 2 h 16 min →	____ Uhr

2. Berechne den Zeitpunkt am Anfang der Zeitspanne.

a)
4.35 Uhr - 21 min → ____ Uhr
6.30 Uhr - 33 min → ____ Uhr
15.06 Uhr - 16 min → ____ Uhr

b)
12.31 Uhr - 3 h 16 min → ____ Uhr
14.32 Uhr - 4 h 22 min → ____ Uhr
17.18 Uhr - 1 h 58 min → ____ Uhr

3. Berechne mithilfe der Uhren (Stunden- und Minutenzeiger eintragen).

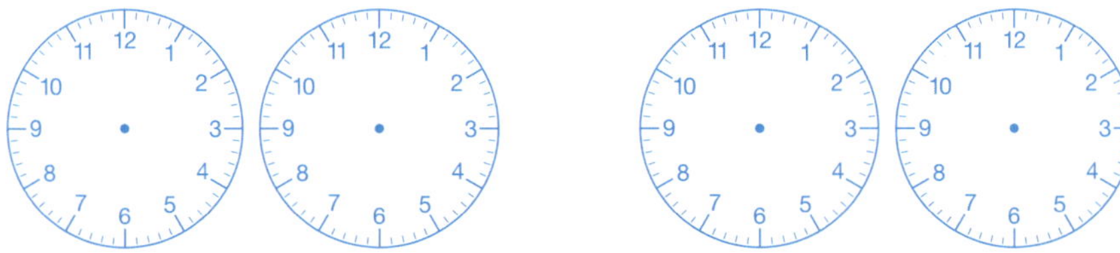

Beginn	Zeitspanne	Ende	Beginn	Zeitspanne	Ende
4.10 Uhr	+ ____ min →	4.40 Uhr	9.20 Uhr	+ __ h __ min →	10.45 Uhr

4. Berechne die Zeitspanne zwischen den Zeitpunkten.

a)
5.30 Uhr + ____ min → 5.55 Uhr
19.30 Uhr + ____ min → 19.57 Uhr
15.16 Uhr + ____ min → 16.08 Uhr

b)
6.30 Uhr + __ h __ min → 7.52 Uhr
20.05 Uhr + __ h __ min → 22.35 Uhr
1.23 Uhr + __ h __ min → 3.13 Uhr

5. Berechne mithilfe der Uhren (Stunden- und Minutenzeiger eintragen).

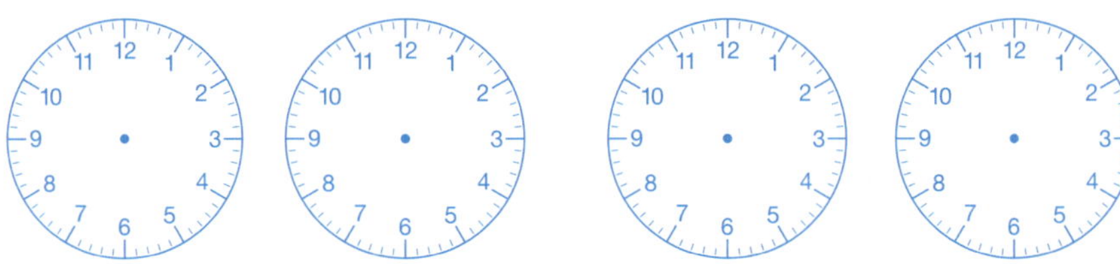

Beginn	Zeitspanne	Ende	Beginn	Zeitspanne	Ende
7.50 Uhr	- ____ min →	7.15 Uhr	16.30 Uhr	- __ h __ min →	15.10 Uhr

6. Berechne die Zeitspanne zwischen den Zeitpunkten.

a)
5.23 Uhr - ____ min → 5.08 Uhr
13.45 Uhr - ____ min → 12.50 Uhr
6.30 Uhr - ____ min → 5.55 Uhr

b)
20.15 Uhr - __ h __ min → 19.10 Uhr
7.32 Uhr - __ h __ min → 5.18 Uhr
2.25 Uhr - __ h __ min → 0.15 Uhr

ZUSAMMENFASSUNG!

Früher benutzte man Sonnenuhren, Sanduhren und Stundengläser, um die Zeit zu messen. Dabei richtete man sich nach dem Lauf der Erde um die Sonne (Wechsel von Tag und Nacht, Stand der Sonne am Himmel, verschiedene Mondphasen).

Für ihren Umlauf um die Sonne braucht die Erde 365 Tage und 6 Stunden. In vier Jahren ist das ein ganzer Tag. Um das Nachgehen des Kalenders auszugleichen, gibt es alle vier Jahre ein Schaltjahr mit 366 Tagen. Dem Monat Februar wird dann ein 29. Tag angehängt. Das nächste Schaltjahr ist 2004.

Erst als man die mechanischen Uhren mit Pendeln erfunden hatte (Henlein 1504 in Nürnberg), konnte man die Zeit genauer messen.

Heute können wir die Zeit mit unseren mechanischen Uhren, Quarzuhren und Stoppuhren sehr genau messen. Die genaueste Uhr ist die Atomuhr. Die von ihr ermittelte Normalzeit wird täglich als Zeitzeichen drahtlos ausgestrahlt und dient zum Uhrenvergleich auf Schiffen und in Flugzeugen.

Zeitmaße

Sehr kleine Zeitspannen werden in Sekunden (s) und Minuten (min) gemessen, kleine Zeitspannen in Stunden (h) und Tagen, große Zeitspannen in Wochen und Monaten und sehr große Zeitspannen in Jahren.

Umwandlungszahlen

Womit gerechnet wird, wenn es genau sein soll:

$$1\,s \xrightarrow{\cdot 60} 1\,min \xrightarrow{\cdot 60} 1\,h$$

1 Jahr hat 12 Monate bzw. 365 (366) Tage.
1 Monat hat 30 oder 31 (oder 28 oder 29) Tage.
1 Woche hat 7 Tage.
1 Tag hat 24 Stunden.

Womit gerechnet wird, wenn es nicht so genau sein muss:
1 Jahr hat 360 Tage.
1 Monat hat 30 Tage bzw. 4 Wochen.

TEST

6 min = ______ s	3 h = ______ min	$\frac{1}{2}$ h = ______ min
12 min = ______ s	20 h = ______ min	$1\frac{1}{2}$ h = ______ min
24 min = ______ s	17 h = ______ min	$\frac{1}{4}$ h = ______ min

2 min 18 s = ______ s + ______ s = ______ s
12 min 5 s = ______ s + ______ s = ______ s
6 h 20 min = ______ min + ______ min = ______ min

180 s = ______ min	120 min = ______ h	15 min = ______ h
1 800 s = ______ min	480 min = ______ h	75 min = ______ h
360 s = ______ min	960 min = ______ h	90 min = ______ h

62 s = ______ min ______ s
124 s = ______ min ______ s
95 min = ______ h ______ min

8 Jahre = ____ Mo	4 Mo = ____ Wo	10 Wo = ____ Tage
5 Jahre = ____ Mo	8 Mo = ____ Wo	15 Wo = ____ Tage
24 Mo = ____ Jahre	8 Wo = ____ Mo	21 Tage = ____ Wo

15.20 Uhr —+ 30 min→ ______ Uhr
3.28 Uhr —+ 42 min→ ______ Uhr
20.56 Uhr —+ 1 h 14 min→ ______ Uhr

19.34 Uhr —- 17 min→ ______ Uhr
22.10 Uhr —- 35 min→ ______ Uhr
11.27 Uhr —- 5 h 37 min→ ______ Uhr

Von 39 Aufgaben habe ich ______ Aufgaben richtig gelöst.

Sachaufgaben lösen – mit handfesten Tipps leicht gemacht

4 KAPITEL

Sachaufgaben kannst du leichter lösen, wenn du immer die folgenden fünf Fragen anwendest:

1. Frage: Was will ich wissen?
2. Frage: Was weiß ich?
3. Frage: Welche zeichnerische Lösung hilft mir?
4. Frage: Wie muss ich rechnen?
5. Frage: Welche Antwort muss ich geben?

Lösungshilfen für Sachaufgaben

Sachaufgabe

Sandras Mutter füllt einen Blumenkübel mit Erde. Er ist 6 dm lang, 3 dm breit und 3 dm hoch. Wie viel Kubikdezimeter Erde benötigt sie?

Was will ich wissen?

Wie viel dm^3 Erde passen in den Blumenkübel?

Was weiß ich?

Die Maße des Blumenkübels sind: 6 dm lang, 3 dm breit, 3 dm hoch.

Welche zeichnerische Lösung hilft mir?

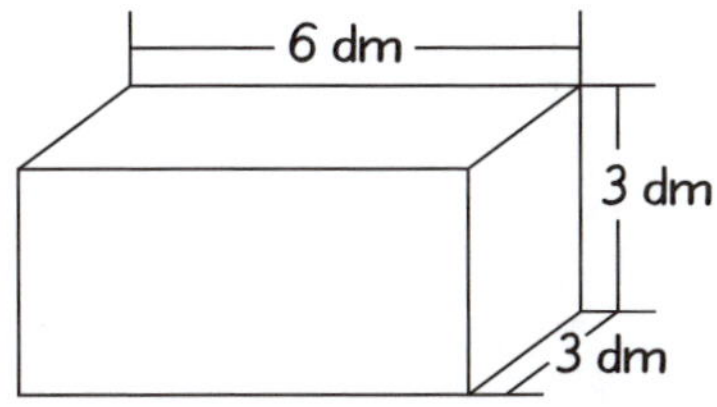

Wie muss ich rechnen?

$V = a \cdot b \cdot c$

$V = 6\ dm \cdot 3\ dm \cdot 3\ dm$

$V = 54\ dm^3$

Welche Antwort muss ich geben?

Sie benötigt 54 dm^3 Erde.

Rechendiagramm als Lösungshilfe

TIPPS + HILFEN!

Viele Sachaufgaben kannst du leichter lösen, wenn du erst ein Rechendiagramm zeichnest. Es gibt verschiedene Arten von Rechendiagrammen.

1. Fatih trainiert zweimal in der Woche. Am Montag schwimmt er 375m, am Freitag 425 m.

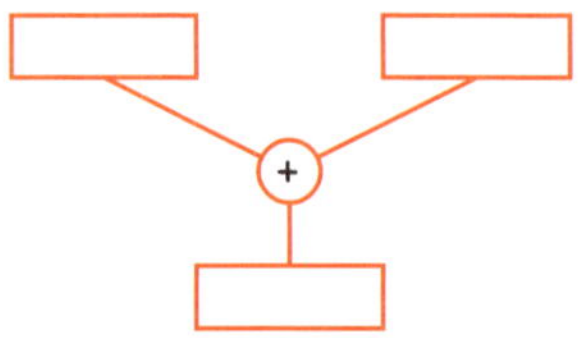

Addieren
zweier Längen

2. Im Training ist Friederike 650 m geschwommen und Benjamin 475 m.

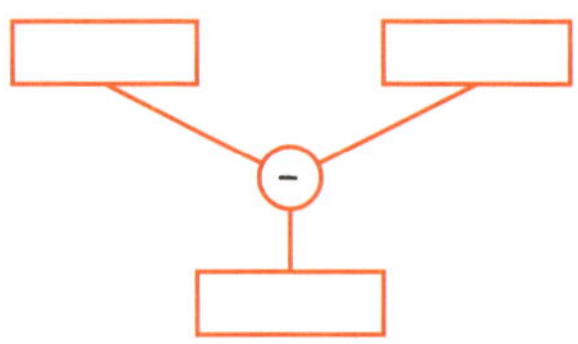

Subtrahieren
zweier Längen

3. Jens schwimmt im Hallenbad auf einer 25-m-Bahn 14 Bahnen.

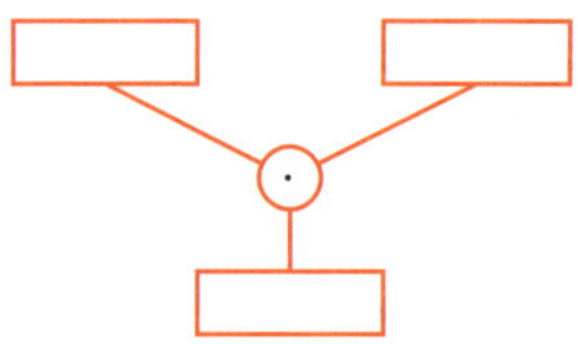

Multiplizieren
einer Länge mit einer Zahl

4. Michael schwimmt im Training 20 Bahnen; das sind 500 m.

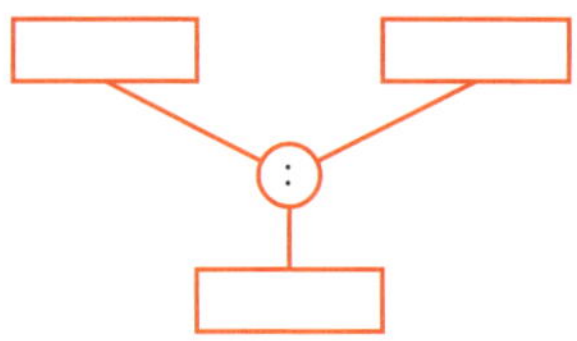

Dividieren
einer Länge durch eine Zahl

5. Ayse ist auf einer 25-m-Bahn 600 m geschwommen.

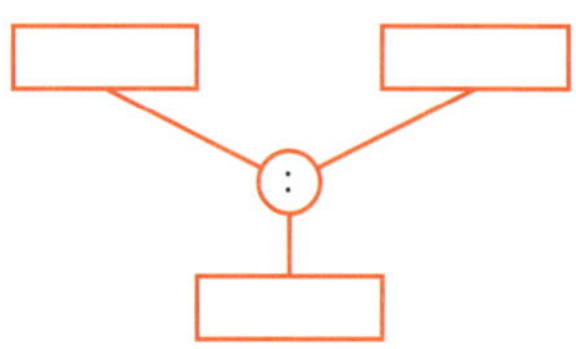

Dividieren
zweier Längen

Sachaufgaben

Jetzt sollst du an einer Reihe von Sachaufgaben dein Wissen erproben. Wenn du irgendwo noch unsicher bis, dann schau einfach vorn in den Kapiteln noch einmal nach.

Sachaufgaben mit Längen

1. Vor einem Jahr war Alexander 1,09 m groß. Inzwischen ist er 9 cm gewachsen. Wie groß ist er jetzt?

Rechnung:

Antwort: ______________________________

2. Benjamin stapelt im Keller 5 Kisten übereinander. Eine Kiste ist 0,35 m hoch. Wie hoch ist der Stapel?

Rechnung:

Antwort: ______________________________

3. Auf einem Ballen Stoff sind 40,25 m. Nacheinander werden verkauft: 2,45 m; 1,60 m; 0,80 m. Wie viel Meter Stoff sind jetzt noch auf dem Ballen?

Rechnung:

Antwort: ______________________________

1. Kerstins Mutter schneidet eine 4,20 m lange Leiste in 5 gleich lange Stücke. Wie lang ist jedes Stück?

Rechnung:

Antwort: ______________________

2. Alexanders Mutter ist 1,2 km auf einer 25-m-Bahn geschwommen. Wie oft ist sie die Bahn geschwommen?

Rechnung:

Antwort: ______________________

3. Udo unternimmt mit seinen Freunden eine Radtour. Sie legen folgende Strecken zurück: 27,04 km, 31,8 km und 29 km. Wie lang ist die Tour?

Rechnung:

Antwort: ______________________

4. Eine Etappe eines Radrennens geht über 168 km. Als der Sieger die Ziellinie überfährt, hat die Verfolgergruppe gerade 159,3 km zurückgelegt. Wie groß war der Vorsprung des Siegers?

Rechnung:

Antwort: ______________________

Sachaufgaben mit Flächeninhalten

1. Eine Terrasse ist 20 m^2 groß. Sie wird mit Platten von 25 dm^2 Größe belegt. Wie viele Platten werden benötigt?

Rechnung:

Antwort: ____________________

2. Eine Wohnung hat folgende Räume: Wohnzimmer (22,55 m^2), Schlafzimmer (18 m^2), Kinderzimmer (14,4 m^2), Küche (12,9 m^2), Flur (10,5 m^2) und Bad (7,55 m^2). Wie groß ist die Wohnung?

Rechnung:

Antwort: ____________________

3. In einer Schule werden 20 Fenster mit Isolierglas neu verglast. Eine Fensterscheibe ist 2,25 m^2 groß. Wie viel m^2 Isolierglas werden benötigt?

Rechnung:

Antwort: ____________________

1. Auf einem Parkplatz stehen 4,5 a als Stellfläche für Autos zur Verfügung. Für ein Auto werden 9 m^2 benötigt. Wie viele Autos können dort parken?

Rechnung:

Antwort: ______________________________

2. Frau Krug will einen Bauplatz kaufen. Von zwei Bauplätzen nimmt sie den größeren. Der eine Bauplatz ist 27 m lang und 22 m breit, der andere 28 m lang und 21 m breit. Welchen Bauplatz kauft sie?

Rechnungen:

Antwort: ______________________________

3. Das kleinste Land der Bundesrepublik Deutschland ist Bremen (404 km^2), das größte Bayern (70 553 m^2). Vergleiche.

Rechnung:

Antwort: ______________________________

Sachaufgaben mit Rauminhalten

1. Alexander trinkt an einem Tag 350 ml Milch, 250 ml Kakao und 0,7 l Mineralwasser. Wie viel Liter trinkt er insgesamt?

Rechnung:

Antwort: ______________________________

2. Familie Krug (4 Personen) hat in einem Jahr 120 m^3 Wasser verbraucht. Wie viel Liter hat durchschnittlich eine Person verbraucht?

Rechnung:

Antwort: ______________________________

3. Eine Talsperre hat einen Rauminhalt von 884 000 m^3. Während einer Stunde fließen 283 m^3 zu und 419 m^3 ab. Wie groß ist jetzt der Rauminhalt?

Rechnungen:

Antwort: ______________________________

1. Familie Müller baut ein Einfamilienhaus mit einem umbauten Raum von 786 m^3 und eine Garage von 42,7 m^3. Wie groß ist der umbaute Raum für das gesamte Bauvorhaben?

Rechnung:

Antwort: ______________________________

2. Es werden 25 Garagen gebaut. Jede Garage hat einen umbauten Raum von 30,4 m^3. Wie groß ist der gesamte umbaute Raum?

Rechnung:

Antwort: ______________________________

3. Auf einer Baustelle sollen 390 m^3 ausgehobener Boden abgefahren werden. Ein Lkw kann 6 m^3 laden. Wie oft muss ein Lkw fahren?

Rechnung:

Antwort: ______________________________

Sachaufgaben mit Gewichten

1. Sabine backt Butterplätzchen. Sie nimmt dazu 1,2 kg Mehl, 500 g Zucker und 0,5 kg Butter. Wie schwer sind alle Zutaten zusammen?

Rechnung:

Antwort: ______________________________

2. Nadines Vater kauft im Supermarkt 1,5 kg Rindfleisch, 550 g Aufschnitt und 0,7 kg Tomaten. Wie schwer sind alle Teile zusammen?

Rechnung:

Antwort: ______________________________

3. 1,5 t Apfelsinen werden in Netze mit je 5 kg abgepackt. Wie viele Netze werden benötigt?

Rechnung:

Antwort: ______________________________

Lösungen zu Alles über die natürlichen Zahlen

Seite 5

1. a) rechnen b) messen c) zählen und ordnen d) zählen

Seite 7

1. a) 72 344 612
   b) 302 035 673 011
   c) 16 150 007 200 903
2. a) 5 Tausender
   b) 5 Millionen
3. a) 2 Hunderter
   b) 2 Tausender
   c) 2 Millionen
   d) 2 Milliarden
4. a) 1 000
   b) 1 000 000 (1 Million)
   c) 100 000 000 (100 Millionen)
   d) 100 000 000 000 (100 Milliarden)
5. a) 9 875 432 061 und 1 206 354 798
   b) 9 875 431 und 1 206 354

Seite 8

1. a) 80 000; 130 000; 390 000; 550 000; 810 000; 970 000
   b) 500 000; 2 400 000; 5 700 000; 7 200 000; 8 800 000
   c) 600 000 000; 1 300 000 000; 5 900 000 000; 7 400 000 000

Seite 9

1. a) 98, 99, 100
   b) 77 499, 77 500, 77 501
   c) 3 899 999, 3 900 000, 3 900 001
2. a) 678 < 786
   b) 10 010 > 10 001
   c) 83 045 < 83 054
   d) 18 305 > 1 853
   e) 1 295 > 1 259
   f) 54 309 812 > 54 309 801
3. a) 508 < 5 087 < 32 509 < 36 612 < 242 978 < 242 978

Seite 10

1. 6 900 000 5 700 000 4 500 000 3 300 000

Seite 11

1. a) 2 295 380; 2 295 400; 2 295 000; 2 230 000; 2 300 000; 2 000 000
   b) 78 550; 78 600; 79 000; 80 000
   c) 661 495 370; 661 495 400; 661 495 000; 661 500 000; 661 000 000; 660 000 000
2. b) r; Ü.: 4 000 + 2 900 = 6 900
   c) f; Ü.: 500 + 400 + 700 = 1 600
   d) f; Ü.: 81 000 – 23 000 = 58 000
   e) r; Ü.: 2 000 – 900 – 600 = 500
   f) f; Ü.: 400 · 50 = 20 000
   g) r; Ü.: 3 200 : 40 = 80

Seite 12

1. Chicago: 65 000 000
   Dallas: 49 000 000
   Los Angeles: 48 000 000
   Atlanta: 48 000 000
   London: 47 000 000
   Tokio: 42 000 000
   Denver: 33 000 000
   San Francisco: 32 000 000
   Frankfurt: 32 000 000

Seite 13

1. Tokio 24 Mio. = 12 cm
   São Paulo 18 Mio. = 9 cm
   New York 16 Mio. = 8 cm
   Mexiko-Stadt 15 Mio. = 7,5 cm
   Shanghai 13 Mio. = 6,5 cm
   Bombay 12 Mio. = 6 cm
   Los Angeles 12 Mio. = 6 cm
   Buenos Aires 11 Mio. = 5,5 cm
   Seoul 11 Mio. = 5,5 cm
   Rio de Janeiro 11 Mio. = 5,5 cm
2. Saudi-Arabien 20 Fässer
   USA 20 Fässer
   Russland 16 Fässer
   Iran 9 Fässer
   Mexico 8 Fässer
   China 7 Fässer

Lösungen zu Mit natürlichen Zahlen rechnen

Seite 15

1.a)
327
166 161
83 83 78
40 43 40 38
14 26 17 23 15

b)
409
205 204
107 98 106
51 56 42 64
19 32 24 18 46

2.a) 192 163 147 138 131
29 16 9 7
13 7 2
6 5
1

b) 366 229 178 155 135
137 51 23 20
86 28 3
58 25
33

Seite 16

1. a)
waagerecht:
1. 399 + 36 = 435
3. 600 – 64 = 536
5. 17 + (19 + 9) = 45
7. 50 + (100 – 57) = 93
8. 850 – (27 + 18) = 805
9. 15 000 – 200 = 14 800

senkrecht:
1. 500 – 57 = 443
2. 87 – 35 = 52
4. 700 – 62 = 638
6. 400 – (38 + 54) = 308

b)
waagerecht:
2. 490 + 95 = 585
6. 100 – (90 – 24) = 34
7. 300 + (98 und 39) = 359
8. 5 010 – 4 014 = 996
9. 18 + (1 300 – 1 268) = 50
12. 400 + (140 + 135) = 675

senkrecht:
1. 19 000 + 2 700 + 650 = 22 350
3. 160 – 72 = 88
4. 100 000 – 15 400 = 84 600
5. 2 450 – 950 = 1 500
6. 197 + 198 = 395
10. 39 + 58 = 97

Seite 17

1. a) 42 + 3 = 45
oder:
43 + 2 = 45
b) 23 + 4 = 27
oder:
24 + 3 = 27

2. a) 86 – 7 = 79
oder:
87 – 6 = 81
b) 78 – 8 = 72
oder:
68 – 7 = 61
oder:
67 – 8 = 59

3. 290 + 710 = 1 000
396 + 604 = 1 000
455 + 545 = 1 000
530 + 470 = 1 000
748 + 252 = 1 000
871 + 129 = 1 000

Seite 19

1. a) (154 + 46) + 63 = 263
b) 51 + (78 + 162) = 291
c) (441 + 259) + 125 = 825

2. a) (9 + 41) + (35 + 45) = 130
b) (38 + 82) + (15 + 75) = 210
c) (127 + 123) + (78 + 172) = 500

3. a) (16 + 44) + (18 + 22) + 33 = 133
b) (18 + 22) + (44 + 16) + (30 + 105) = 235
c) (35 + 15) + (43 + 37) + (9 + 51) = 190

4. (1 + 9) + (2 + 8) + (3 + 7) + (4 + 6) + 5 = 45

Seite 20

1. a) 233 – (48 + 52) = 133
b) 480 – (23 + 14 + 36) = 407
c) 300 – (15 + 11 + 19 + 25) = 230
d) 142 – (20 + 17 + 28 + 33 + 22) = 22

2. a) 125 – [40 + 15] = 70
b) 630 – [25 + 50] = 555
c) 470 – [90 + 20] = 360
d) 250 – [16 + 60 + 7] = 167

Seite 21

1. a) 174 + 26 – 49 = 151
   b) 220 + (33 + 67) – (38 + 62) = 220
   c) 130 – (75 + 25) + (34 + 46) = 110
   d) 358 + (64 + 26) – (18 + 32) = 398

2. a)

9	14	7
8	10	12
13	6	11

b)

12	17	16
19	15	11
14	13	18

c)

21	20	25
26	22	18
19	24	23

d) Summe: 660

180	140	340
380	220	60
100	300	260

e) Summe: 840

230	180	430
480	280	80
130	380	330

f) Summe: 960

260	200	500
560	320	80
140	440	380

Seite 22

⚀ 385
501
324
506

⚁ (67 + 33) + 58 = 158
(32 + 88) + (55 + 65) + (101 + 39) = 380

⚂ (2 + 18) + (4 + 16) + (6 + 14) + (8 + 12) + (10 + 20) = 110

⚃ 487 – (23 + 57) = 407
730 – (38 + 12 + 64 + 36) = 580

⚄ 312 + 88 – 39 = 361
540 + 24 + 56 – 15 – 85 = 520

⚅ a)

17	22	15
16	18	20
21	14	19

b)

32	37	36
39	35	31
34	33	38

c)

42	41	46
47	43	39
40	45	44

Seite 23

1. a) 142 472 b) 421 455 c) 4 655 038 d) 60 803 e) 712 326 f) 5 882 585

Seite 24

1. a) 8 126
   b) 574 772
   c) 1 555 050
   d) 12 701
   e) 802 501
   f) 894 116
   g) 279 724
   h) 20 592 447

2. a) 81 264
   b) 509 071
   c) 175 701
   d) 1 282 691
   e) 1 992 744 576

Seite 25

1. a) 55 848 + 34 152 = 90 000
   b) 47 598 + 32 402 = 80 000

2. a) ↗ 535 049, ↗ 664 461
   b) ↗ 284 271, ↗ 490 344
   c) ↗ 871 122, ↗ 969 810
   d) ↗ 698 221, ↗ 895 692

Seite 26

⚀ a) 20 657
b) 797 515
c) 1 001 061
d) 51 086
e) 473 024
f) 1 103 687

⚁ a) 488 810
b) 1 029 301
c) 1 222 830
d) 86 673
e) 514 234
f) 2 516 143

⚂ a) 54 235 + 13 141 = 67 376
b) 530 192 + 454 618 = 984 810
c) 1 354 953 + 820 047 = 2 175 000

Seite 27

1. a) 53 706 b) 11 565 c) 973 656 d) 609 463 e) 7 065 029

Seite 28

1. a) 4 547
   b) 238 535
   c) 735 511
   d) 4 696
   e) 156 889
   f) 393 407
   g) 808 309
   h) 14 178 535

2. a) 74 688
   b) 596 313
   c) 227 209
   d) 53 720
   e) 2 153 250 056

Seite 29

⚀ a) 63 856
b) 348 791
c) 373 269
d) 71 731
e) 340 051
f) 2 245 996

⚁ a) 381 244
b) 446 537
c) 274 557
d) 60 659
e) 246 421
f) 2 141 814

⚂ a) 82 352 – 8 609 = 73 743
b) 91 214 – 17 805 = 73 409
c) 812 332 – 356 844 = 455 488

Seite 31

1. 6 · 8 = 3 · 16
   5 · 12 = 4 · 15
   8 · 7 = 14 · 4
   27 · 3 = 9 · 9
   12 · 3 = 9 · 4

   3 · 26 = 6 · 13
   6 · 12 = 8 · 9
   2 · 36 = 18 · 4
   15 · 6 = 9 · 10

2. 45 : 3 = 90 : 6
   81 : 9 = 45 : 5
   56 : 8 = 28 : 4
   48 : 4 = 96 : 8
   110 : 5 = 66 : 3

   112 : 7 = 80 : 5
   54 : 9 = 132 : 22
   95 : 5 = 57 : 3
   78 : 6 = 117 : 9

Seite 32

1. a) waagerecht:
   1. 6 · 30 = 180
   3. (90 · 2) – 36 = 144
   5. 7 · 21 = 147
   7. 3 · 4 + 13 = 25
   8. (60 · 8) : 4 = 120
   9. (1 800 + 210) · 8 = 16 080

   senkrecht:
   1. 248 : 2 = 124
   2. 324 : 4 = 81
   4· 438 + 96 : 8 = 450
   6. 1 000 – 7 · 40 = 720

1. b) waagerecht:
   1. 90 · 7 · 20 = 12 600
   5. 18 + 70 · 6 = 438
   7. 23 · 3 = 69
   9. 9 · 70 : 10 = 63
   10. 650 – 540 : 9 = 590
   11. (34 + 38) + 80 · 9 = 792

   senkrecht:
   2. 420 : 3 – 116 = 24
   3. (105 – 35) · 9 = 630
   4. 8 · 15 + 45 = 165
   6. (6 · 8) + (7 · 12) = 132

Seite 33

1. a) 7 · 65 = 455 b) 5 · 67 = 335
2. a) 96 : 3 = 32 b) 36 : 9 = 4 c) 69 : 3 = 23

Seite 35

1. a) 7 · (12 · 5) = 420
   b) (4 · 50) · 9 = 1 800
   c) 3 · (8 · 125) = 3 000
   d) (25 · 2) · 3 = 150
2. a) (2 · 5) · (45 · 6) = 2 700
   b) (7 · 3) · (4 · 50) = 4 200
   c) (2 · 5) · (7 · 4) = 280
3. a) (4 · 5) · (8 · 25) · 9 = 36 000
   b) (5 · 5) · (3 · 3) · 4 = 900
   c) (25 · 4) · (125 · 4) · 6 = 300 000

Seite 36

1. a) 12 + 7 = 19
   b) 6 · 8 – 18 = 48 – 18 = 30
   c) 49 : 7 + 63 = 70
   d) 4 · (29 – 21) + 14 · 10 =
      4 · 8 + 14 · 10 =
      32 + 140 = 172
2. a) 2 000 : [700 – 200] = 2 000 : 500 = 4
   b) 10 000 : [600 + 400] = 10 000 : 1 000 = 10
   c) [8 000 – 3 000] · 8 = 5 000 · 8 = 40 000
   d) [7 000 – 2 000] : 2 = 5 000 : 2 = 2 500

Seite 37

1. a) 90 : (15 · 2) =
      90 : 30 = 3
   b) 280 : (5 · 8) =
      280 : 40 = 7
   c) 1 250 : (5 · 50) =
      1 250 : 250 = 5
   d) 1 600 : (8 · 2) =
      1 600 : 16 = 100
2. a) 144 : 2 : 8 = 72 : 8 = 9
   b) 126 : 2 : 9 = 63 : 9 = 7
   c) 224 : 4 : 7 = 56 : 7 = 8
   d) 336 : 6 : 4 = 56 : 4 = 14
3. a) 300 : (20 · 5) =
      300 : 100 = 3
   b) (140 : 5) : 7 =
      28 : 7 = 4
   c) 750 : (50 · 5) =
      750 : 250 = 3

Seite 38

1. a) 8 · (20 + 4) = 160 + 32 = 192
   b) 7 · (40 – 1) = 280 – 7 = 273
   c) (60 + 2) · 6 = 360 + 12 = 372
   d) (100 – 2) · 9 = 900 – 18 = 882
2. a) 5 · (16 + 24) = 5 · 40 = 200
   b) 3 · (45 – 15) = 3 · 30 = 90
   c) (57 + 23) · 4 = 80 · 4 = 320

Seite 39

1. a) (500 + 35) : 5= 100 + 7 = 107
   b) (200 – 15) : 5= 40 – 3 = 37
   c) (270 + 18) : 9= 30 + 2 = 32
   d) (400 – 24) : 8= 50 – 3 = 47
2. a) 240 : 8 = 30
   b) 90 : 9 = 10
   c) 210 : 7 = 30
   d) 120 : 6 = 20

Seite 40

1. a) $3^2 = 9$ b) $4^2 = 16$

Seite 41

1. $3^2 = 9$ $4^2 = 16$
   $5^2 = 25$ $6^2 = 36$
   $7^2 = 49$ $8^2 = 64$

2. a) 10^3
   b) 10^4
   c) 10^5

3. a) $4^3 < 3^4$
   b) $2^3 < 3^2$

Seite 42

1. a) $7 \mid 63$; $63 = 9 \cdot 7$
   b) $12 \nmid 85$; $85 = 7 \cdot 12 + 1$
   c) $22 \mid 110$; $110 = 5 \cdot 22$
   d) $25 \nmid 305$; $305 = 12 \cdot 25 + 5$

2. a) $T_{24} = \{1, 2, 3, 4, 6, 8, 12, 24\}$
   b) $T_{45} = \{1, 3, 5, 9, 15, 45\}$
   c) $T_{72} = \{1, 2, 3, 4, 6, 8, 9, 12, 18, 24, 36, 72\}$
   d) $T_{96} = \{1, 2, 3, 4, 6, 8, 12, 16, 24, 32, 48, 96\}$

Seite 43

1. a) $35 \in V_5$; $35 = 7 \cdot 5$
   b) $45 \notin V_7$; $45 = 6 \cdot 7 + 3$
   c) $84 \in V_4$; $84 = 21 \cdot 4$
   d) $74 \notin V_6$; $74 = 12 \cdot 6 + 2$

2. a) $V_8 = \{8, 16, 24, 32, 40, 48, 56, 64, ...\}$
   b) $V_{12} = \{12, 24, 36, 48, 60, 72, 84, 96, ...\}$
   c) $V_{15} = \{15, 30, 45, 60, 75, 90, 105, 120, ...\}$
   d) $V_{25} = \{25, 50, 75, 100, 125, 150, 175, 200, ...\}$

3. a) $20 \notin T_{10}$
   $20 \in V_{10}$
   b) $6 \in T_{18}$
   $6 \notin V_{18}$
   c) $12 \in T_{12}$
   $12 \in V_{12}$
   d) $8 \notin V_{40}$
   $8 \in T_{24}$
   e) $25 \in T_{100}$
   $25 \in V_5$

Seite 44

1. 44, 12 680, 3 406 106
2. 69, 726, 1 897 221
3. 700, 2 432, 27 900
4. 80, 365, 125 600, 4 090 605

Seite 45

1. 72, 1 566, 80 706

2. 96, 400, 78 864, 1 907 800

3. 63, 2 088, 65 718, 504 621

4. 70, 4 080, 307 830

5. a) $3 \mid 27$ b) $2 \nmid 23$
   $8 \nmid 41$ $4 \mid 56$
   $5 \mid 70$ $9 \nmid 88$

   c) $10 \mid 90$ d) $8 \mid 152$
   $6 \nmid 49$ $4 \nmid 126$
   $3 \mid 81$ $9 \mid 171$

6. a)

teilbar durch:	2	5	10
27	26	25	20
43	42	40	40
59	58	55	50
131	130	130	130
463	462	460	460
687	686	685	680
1 079	1 078	1 075	1 070

b)

teilbar durch:	3	9	6
38	36	36	36
44	42	36	42
67	66	63	66
121	120	117	120
232	231	225	228
601	600	594	600
1 175	1 173	1 170	1 170

Seite 46

⚀ $3 \cdot (30 - 1) = 87$
$(70 - 2) \cdot 7 = 476$
$(120 - 4) : 4 = 29$
$(320 - 8) : 8 = 39$

⚁ $(8 \cdot 25) \cdot 6 = 1\,200$
$(5 \cdot 16) \cdot (8 \cdot 5) = 3\,200$
$(3 \cdot 20) \cdot (4 \cdot 25) \cdot 5 = 30\,000$
$540 : (5 \cdot 18) = 6$

⚂ 100
29
9
612

⚃ $6 \cdot (8 + 12) = 120$
$5 \cdot (50 - 25) = 125$
$4\,000 : 400 = 10$
$1\,800 : 300 = 6$

⚄ $162 : 18 = 162 : 2 : 9 = 9$
$240 : 8 + 12 \cdot 9 =$
$30 + 108 = 138$
$1\,000 : 125 + 80 : 16 =$
$8 + 5 = 13$
$100 : 25 \cdot (6 + 8) =$
$4 \cdot 14 = 56$

Seite 47

1. a) 56 312
   b) 32 268
   c) 34 349
   d) 211 383
   e) 435 265
   f) 1 077 441
   g) 3 628 698

2. a) 27 090
   b) 48 056
   c) 38 528
   d) 180 177
   e) 567 618

Seite 48

1. a) 206 220 | d) 28 338 240 | g) 6 482 000 | j) 7 536 000
b) 2 071 260 | e) 669 600 | h) 82 122 400 | k) 82 236 000
c) 30 974 220 | f) 6 305 600 | i) 1 527 000 | l) 95 140 000

Seite 49

1. a) 87 652 | c) 3 152 995
b) 548 556 | d) 1 755 450

2. a) 149 208 | d) 149 208
b) 564 675 | e) 206 832
c) 206 832 | f) 564 675

Seite 50

1. a) 187 671 | c) 1 436 292 | e) 20 137 656
b) 336 102 | d) 2 138 550 | f) 16 021 948

Seite 51

1.

```
643 · 29
 1286
  5787
 18647
```

```
827 · 29
 1654
  7443
 23983
```

```
23645 · 29
  47290
  212805
  685705
```

```
643 · 555
 3215
  3215
   3215
 356865
```

```
827 · 555
 4135
  4135
   4135
 458985
```

```
23645 · 555
 118225
  118225
   118225
 13122975
```

```
643 · 708
 4501
   5144
 455244
```

```
827 · 708
 5789
   6616
 585516
```

```
23645 · 708
 165515
   189160
 16740660
```

Seite 52

1. a) 202 566 | c) 500 830
b) 221 612 | d) 467 566

2. a) 214 · 93 = 19 902 | c) 47 · 687 = 32 289
b) 36 · 872 = 31 392 | d) 436 · 64 = 27 904

Seite 53

1. ❶ 363 996 | ❹ 20 549 022 | ❼ 94 231 | ❿ 3 605 265 | ⓭ 360 218
❷ 849 072 | ❺ 7 216 827 | ❽ 6 958 490 | ⓫ 350 112 | ⓮ 1 881 216
❸ 494 375 | ❻ 810 702 | ❾ 1 226 754 | ⓬ 337 716

Seite 54

⚀ 400 296
321 126
198 505

⚁ 399 312
185 135
305 214
2 583 008

23 046 246
43 465 968
10 921 527

⚂ 45 376
Ü: 700 · 60 = 42 000
18 130
Ü: 500 · 40 = 20 000

Seite 55

1. a) 3 471 | b) 2 612 | c) 1 421

Seite 56

1. a) 13 785 | b) 11 897 | c) 11 047 | 2. a) 1 089 | b) 208

Seite 57

1. a) 6 898 | b) 6 194 | c) 977 | d) 67 048 | e) 9 971 | f) 923

Seite 58

1. a) 809 | b) 76 | c) 2 537

Seite 59

1. a) 235 | b) 506 | c) 909

Seite 60

1. a) 2 009 | b) 809 | c) 544

Seite 62

1. a) 908 R 7 | b) 1 232 R 41 | c) 802 R 268 | d) 630 R 77

Seite 63

1. a) 1 700 R 7 | c) 4 051 R 1 | e) 3 107 R 179
b) 5 753 R 3 | d) 18 078 R 8 | f) 522 R 318

Seiten 64/65

⚀ 12 091
1 675
907

⚁ 3 614 R6
5 234
7 451
9 084 R15

⚂ 1 381
358 R7
247

⚃ 808 R15
671
543 R300

Lösungen zu Alles über Maße und Gewichte

Seite 67

1. a) 90 mm	b) 600 cm	2. a) 15 cm	b) 18 m
650 mm	1 100 cm	7 cm	5 m
50 cm	30 dm	23 dm	6 km
120 cm	140 dm	8 dm	32 km
c) 8 000 m	d) 230 000 m	c) 20 m	d) 3 km
25 000 m	50 dm	9 m	60 m
140 000 m	4 800 cm	15 km	7 m
6 505 000 m	160 mm	210 km	8 cm

Seite 68

1. a) 5 cm 8 mm = 58 mm
32 cm 1 mm = 321 mm
8 m 50 cm = 850 cm
14 m 32 cm = 1 432 cm
b) 2 km 650 m = 2 650 m
105 km 300 m = 105 300 m
0 km 60 m = 60 m

2. a) 6,5 cm	b) 162,8 m	c) 0,5 cm	d) 2,5 cm
0,17 m	8,5 km	0,7 m	0,34 m
80,2 cm	16,02 km	0,3 km	8,16 m

Seite 70

⚀

70 mm	300 cm
330 mm	80 dm
50 cm	4 000 m
120 cm	52 000 m

⚂

15 cm 6 mm = 156 mm
7 m 3 cm = 703 cm
0 km 645 m = 645 m
4 km 800 m = 4 800 m

⚁

9 cm	60 m
6 m	5 km
14 m	27 km
7 m	316 km

⚃

4,8 cm	0,9 km
9,03 m	7,3 km
12,6 m	21,08 km
2,05 km	130,005 km

Seite 71

1. Die Figuren B und C und die Figuren D und E haben denselben Flächeninhalt.

Die Figuren A, B (C) und D (E) haben verschiedene Flächeninhalte.

Seite 72

1. a)

A	u
A: 3 cm^2	8 cm
B: 2 cm^2	9 cm
C: 2 cm^2	6 cm
D: 2 cm^2	7 cm
E: 4 cm^2	8 cm
F: 2 cm^2	9 cm

b) Es sind die Flächen A und E.
c) Es sind die Flächen B, C, E und F.

Seite 73

1. a) 700 cm^2	b) 900 m^2	2. a) 14 ha	b) 85 km^2
1 800 cm^2	3 400 m^2	370 a	630 km^2
300 a	100 ha	45 a	70 dm^2
2 500 a	10 000 ha	680 a	2 000 dm^2
c) 600 mm^2	d) 20 000 m^2	c) 90 cm^2	d) 54 m^2
8 000 mm^2	35 000 a	160 dm^2	2 800 a
500 dm^2	27 000 ha	700 m^2	80 ha
5 000 dm^2	100 000 ha	40 a	960 km^2

Seite 74

1. Briefmarke: 6 cm^2 — Wandbild: 12 dm^2 — See: 160 km^2
Wohnzimmer: 25 m^2 — Bauplatz: 70 a — Getreidefeld: 5 ha

Seite 75

1. a) 3 km^2 8 ha = 308 ha
   25 km^2 60 ha = 2 560 ha
   8 ha 50 a = 850 a
   31 ha 79 a = 3 179 a
   c) 40 dm^2 30 cm^2 = 4 030 cm^2
   2 dm^2 62 cm^2 = 262 cm^2
   17 cm^2 40 mm^2 = 1 740 mm^2
   0 cm^2 1 mm^2 = 1 mm^2

   b) 6 a 23 m^2 = 623 m^2
   30 a 4 m^2 = 3 004 m^2
   0 m^2 60 dm^2 = 60 dm^2
   15 m^2 2 dm^2 = 1 502 dm^2

2. a) 62,25 m^2
   5,3 m^2
   8,17 km^2
   b) 12,15 ha
   3,04 ha
   6,13 dm^2
   c) 24,07 a
   9,6 a
   40,08 cm^2
   d) 0,41 ha
   0,02 a
   0,15 dm^2

Seite 76

1. a) Der Flächeninhalt verdoppelt sich. b) Der Flächeninhalt halbiert sich.

Seite 77

1.

A	u
81 cm^2	36 cm
99 cm^2	40 cm
117 cm^2	44 cm
100 cm^2	40 cm
130 cm^2	46 cm
150 cm^2	50 cm

169 cm^2	52 cm
234 cm^2	62 cm
432 cm^2	84 cm
400 cm^2	80 cm
600 cm^2	100 cm
720 cm^2	108 cm

900 cm^2	120 cm
1 200 cm^2	140 cm
1 350 cm^2	150 cm
2 400 cm^2	200 cm
2 500 cm^2	200 cm
3 750 cm^2	250 cm

Seite 78

1. 54 cm^2 8 cm
   9 cm 231 cm^2
2. 40 cm 35 m
   8 cm 9,5 m

Seite 80

300 mm^2 200 ha
1 700 a 800 dm^2
2 100 dm^2 1 500 mm^2
4 000 m^2 300 a

73 km^2 8 cm^2
7 a 10 m^2
140 ha 90 a
5 dm^2 180 km^2

7 km^2 2 ha = 702 ha
12 ha 30 a = 1 230 a
5 cm^2 42 mm^2 = 542 mm^2
10 m^2 80 dm^2 = 1 080 dm^2
3 a 8 m^2 = 308 m^2
15 dm^2 20 cm^2 = 1 520 cm^2

2,5 m^2 19,23 a
16,02 ha 2,05 cm^2
3,51 km^2 30,09 dm^2

Seite 81

1. Die Körper A und D und die Körper B, C und E sind gleich groß.

   Die Körper A und D sind kleiner als die Körper B, C und E.

Seite 82

1. Streichholzschachtel: 23 cm^3
   Einfamilienhaus: 823 m^3
   Streichholz: 180 mm^3
   Aquarium: 80 dm^3

2. a)

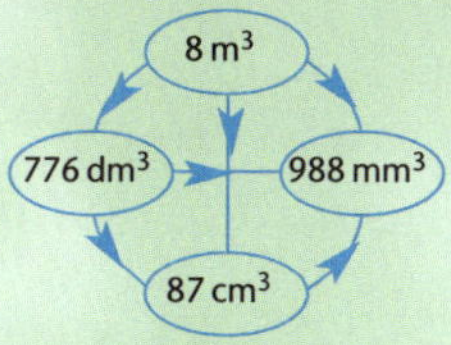

b)

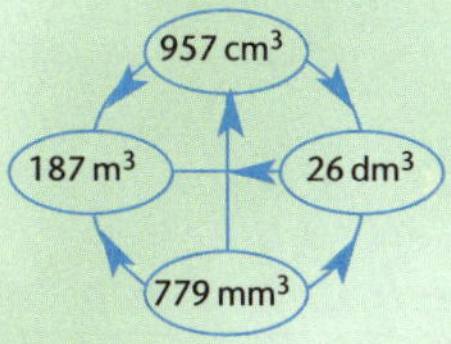

3. 8 m^3 > 776 dm^3 > 87 cm^3 > 988 mm^3

4. a) 5 000 dm^3
   23 000 dm^3
   b) 30 000 cm^3
   8 000 cm^3
   c) 7 000 mm^3
   16 000 mm^3
   d) 28 000 mm^3
   32 000 dm^3

Seite 83

1. a) 7 m³   25 m³   b) 40 dm³   6 dm³
   c) 9 cm³   15 cm³   d) 18 m³   13 cm³

2. a) 300 l   4 000 ml   15 000 cm³   b) 7 hl   8 l   19 l

3. Tanklastzug:
30 000 Milchtüten
3 000 Eimer
300 Fässer
10 Heizöltanks
Heizöltank:
3 000 Milchtüten
300 Eimer
30 Fässer
Faß:
100 Milchtüten
10 Eimer
Eimer:
10 Milchtüten

Seite 84

1. a) 12 m³ 48 dm³ =
12 048 dm³
3 m³ 700 dm³ =
3 700 dm³
130 m³ 30 dm³ =
130 030 dm³
60 dm³ 7 cm³ =
60 007 cm³

b) 2 dm³ 508 cm³ =
2 508 cm³
280 cm³ 200 mm³ =
280 200 mm³
3 cm³ 812 mm³ =
3 812 mm³
72 cm³ 540 mm³ =
72 540 mm³

c) 2 l 100 ml = 2 100 ml
8 l 30 ml = 8 030 ml
15 l 567 ml = 15 567 ml
90 l 8 ml = 90 008 ml

2. a) 212,003 m³
7,3 m³
71,08 m³
b) 20,905 cm³
2,038 cm³
134,002 cm³
c) 2,017 dm³
80,09 dm³
190,8 dm³
d) 16,002 l
3,075 l
120,31 l

Seite 85

1. a) Der Rauminhalt verdoppelt sich.   b) Der Rauminhalt vervierfacht sich.

Seite 86

1.

V	O
80 cm³	112 cm²
250 cm³	250 cm²
216 cm³	216 cm²
480 cm³	392 cm²

8 dm³	24 dm²
8 dm³	28 dm²
64 dm³	96 dm²
30 dm³	62 dm²

2. 120 cm³
27 dm³
48 m³
400 m³

3. 150 cm²
94 dm²
6 m²
24 m²

Seite 88

⚀ 12 000 mm³   3 000 cm³
18 000 cm³   11 000 ml
300 000 dm³   900 l

⚁ 14 cm³   5 l
18 dm³   14 l
450 m³   200 hl

⚂ 400 cm³ 200 mm³ =
400 200 mm³
50 dm³ 80 cm³ =
50 080 cm³
16 m³ 543 dm³ =
16 543 dm³
2 l 500 ml = 2 500 ml
3 hl 60 l = 360 l

⚃ 30,547 cm³   6,520 l
2,075 dm³   18,783 l
17,005 dm³   7,80 hl
3,509 m³   10,03 hl

Seite 89

1. a)

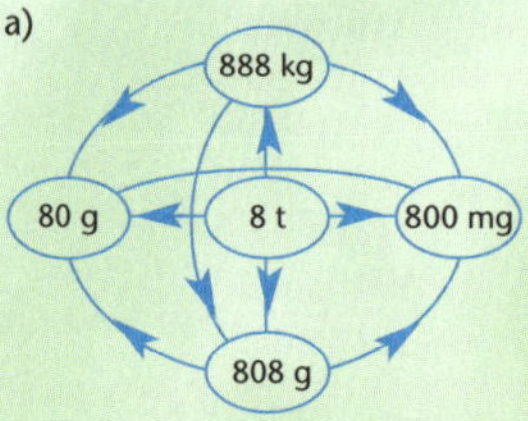

b)

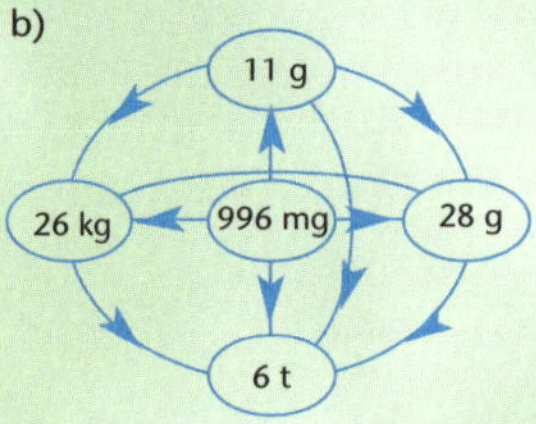

2. a) 8 000 mg
3 000 g
21 000 g
250 g
b) 5 000 kg
18 000 kg
40 000 kg
500 kg

3. a) 7 g
40 g
2 kg
42 kg
b) 20 kg
8 t
35 t
70 t

Seite 90

1. a) 6 g 300 mg = 6 300 mg
23 g 700 mg = 23 700 mg
9 kg 40 g = 9 040 g
b) 2 t 100 kg = 2 100 kg
0 t 550 kg = 550 kg
18 t 603 kg = 18 603 kg

c) 0,020 g
0,2 g
0,035 kg

d) 0,305 g
0,605 kg
2,87 kg

2. a) 5,9 g
17,08 g
6,2 kg
b) 8,8 t
0,6 t
14,07 t

Seite 92

⚀
5 000 mg	2 000 kg
8 000 g	27 000 kg
63 000 g	50 000 kg
500 g	250 kg

⚂
9 g 200 mg = 9 200 mg
15 kg 80 g = 15 080 g
0 t 800 kg = 800 kg
28 t 50 kg = 28 050 kg

⚃
6,3 g	0,08 g
23,8 kg	0,56 kg
0,5 t	4,05 kg
41,003 t	9,081 t

⚁
4 g	70 kg
80 g	2 t
3 kg	43 t
68 kg	90 t

Seite 93

1. a) 240 s
1 200 s
960 s

b) 120 min
600 min
1 500 min

c) 30 s
15 min
30 min

2. a) 2 min
40 min
11 min

b) 3 h
11 h
20 h

c) $\frac{3}{4}$ h
$\frac{1}{2}$ h
$\frac{1}{4}$ h

3. a) 300 s + 21 s = 321 s
480 s + 6 s = 486 s
900 s + 9 s = 909 s

b) 180 min + 40 min = 220 min
360 min + 35 min = 395 min
720 min + 36 min = 756 min

Seite 94

1. 31 Tage: Januar, März, Mai, Juli, August, Oktober, Dezember;
30 Tage: April, Juni, September, November;
28 Tage: Februar

2. a) 6 Monate, 3 Monate, 9 Monate
b) 24 Monate, 144 Monate, 240 Monate

3. a) 10 Wochen, 15 Wochen
b) 6 Monate, 24 Monate
c) 3 Jahre, 6 Jahre
d) $\frac{1}{4}$ Jahr, $\frac{1}{4}$ Jahr

Seite 95

1. 3.30 Uhr 9.35 Uhr

2. a) 4.53 Uhr
16.41 Uhr
23.10 Uhr
7.12 Uhr

b) 7.54 Uhr
21.55 Uhr
3.35 Uhr
8.07 Uhr

Seite 96

1. 7.13 Uhr 14.14 Uhr

2. a) 4.14 Uhr, 5.57 Uhr, 14.50 Uhr
b) 9.15 Uhr, 10.10 Uhr, 15.20 Uhr

3. 30 min 1 h 25 min

4. a) 25 min, 27 min, 52 min
b) 1 h 22 min, 2 h 30 min, 1 h 50 min

5. 35 min 1 h 20 min

6. a) 15 min, 55 min, 35 min
b) 1 h 5 min, 2 h 14 min, 2 h 10 min

Seite 98

⚀
360 s	180 min	30 min
720 s	1 200 min	90 min
1 440 s	1 020 min	15 min

120 s + 18 s = 138 s
720 s + 5 s = 725 s
360 min + 20 min = 380 min

⚁
3 min	2 h	$\frac{1}{4}$ h
30 min	8 h	$1\frac{1}{4}$ h
6 min	16 h	$1\frac{1}{4}$ h

1 min 2 s
2 min 4 s
1 h 35 min

⚂
96 Mo	16 Wo	70 Tage
60 Mo	32 Wo	105 Tage
2 Jahre	2 Mo	3 Wo

⚃
15.50 Uhr
4.10 Uhr
22.10 Uhr

⚄
19.17 Uhr
21.35 Uhr
5.50 Uhr

Lösungen zu Sachaufgaben lösen

Seite 100

1. Fatih schwimmt 800 m.
2. Friederike schwimmt 175 m mehr als Benjamin.
3. Jens schwimmt 350 m.
4. Eine Bahn misst 25 m.
5. Ayse ist 24 Bahnen geschwommen.

Seite 101, Nr. 1

1,09 m = 109 cm   109 cm + 9 cm = 118 cm   118 cm = 1,18 m
Er ist jetzt 1,18 m groß.

Seite 101, Nr. 2

0,35 m = 35 cm   35 cm · 5 = 175 cm   175 cm = 1,75 m
Der Stapel ist 1,75 m hoch.

Seite 101, Nr. 3

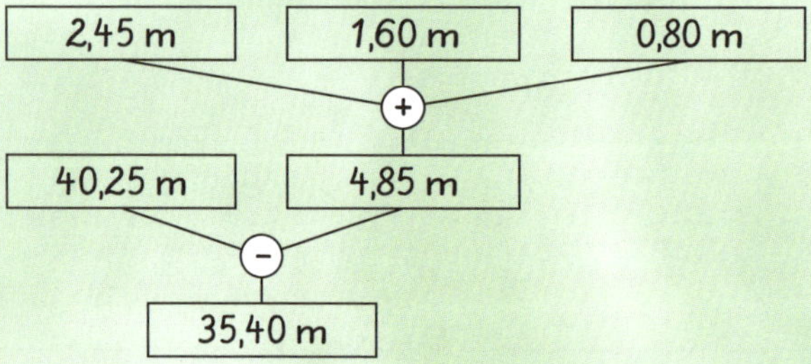

2,45 m
+ 1,60 m
+ 0,80 m
4,85 m

40,25 m
– 4,85 m
35,40 m

35,40 m Stoff sind noch auf dem Ballen.

Seite 102, Nr. 1

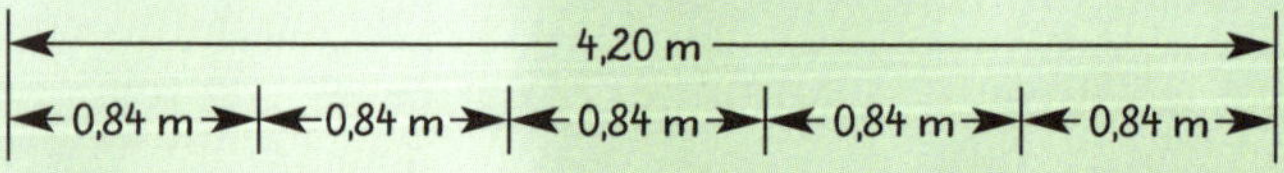

4,20 m : 5 =
420 cm : 5 = 84 cm
84 cm = 0,84 m

Jedes Stück ist 0,84 m lang.

Seite 102, Nr. 2

1,2 km = 1 200 m   1 200 m : 25 m = 48
Sie ist die Bahn 48 mal geschwommen.

Seite 102, Nr. 3

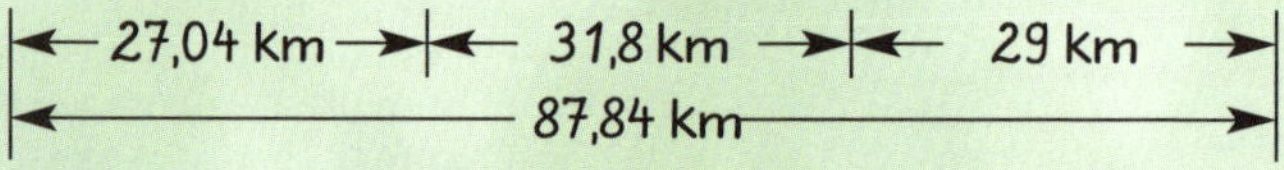

27,04 km
+ 31,8 km
+ 29,0 km
87,84 km

Sie ist 87,84 km lang.

Seite 102, Nr. 4

168 km – 159,3 km = 8,7 km
Der Sieger hat 8,7 km Vorsprung.

Seite 103, Nr.

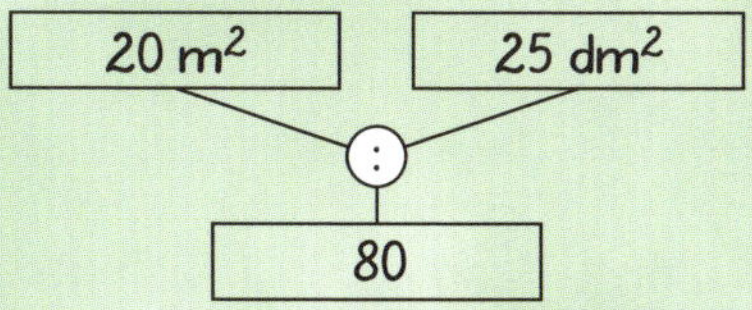

$20\ m^2 = 2\,000\ dm^2$

$2\,000\ dm^2 : 25\ dm^2 = 80$

Es werden 80 Platten benötigt.

Seite 103, Nr.

$22{,}5\ m^2 + 18\ m^2 + 14{,}4\ m^2 + 12{,}9\ m^2 + 10{,}5\ m^2 + 7{,}55\ m^2 = 85{,}9\ m^2$

Die Wohnung ist $85{,}9\ m^2$ groß.

Seite 103, Nr.

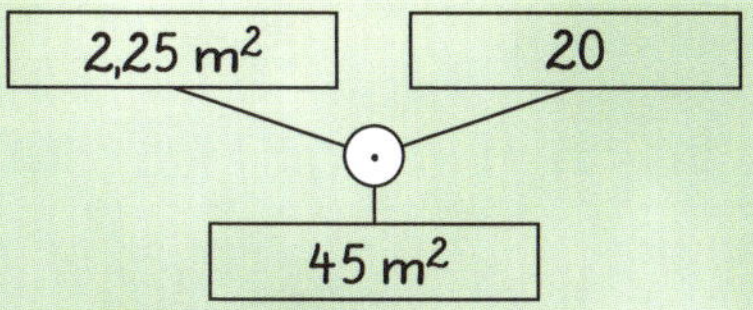

$2{,}25\ m^2 = 225\ dm^2$
$225\ dm^2 \cdot 20 = 4\,500\ dm^2$
$4\,500\ dm^2 = 45\ m^2$

Es werden $45\ m^2$ benötigt.

Seite 104, Nr.

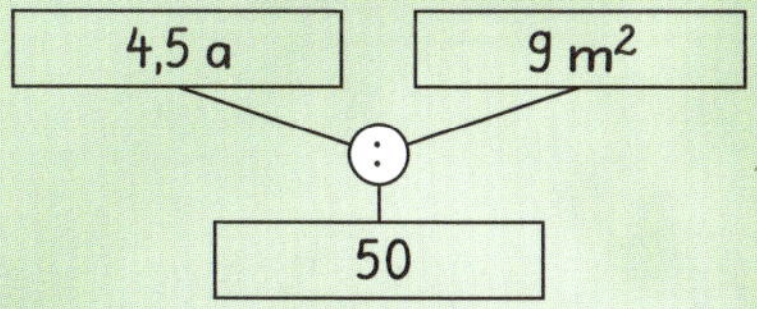

$4{,}5\ a = 4\ a\ 50\ m^2 = 450\ m^2$
$450\ m^2 : 9\ m^2 = 50$

Es können 50 Autos parken.

Seite 104, Nr. 2

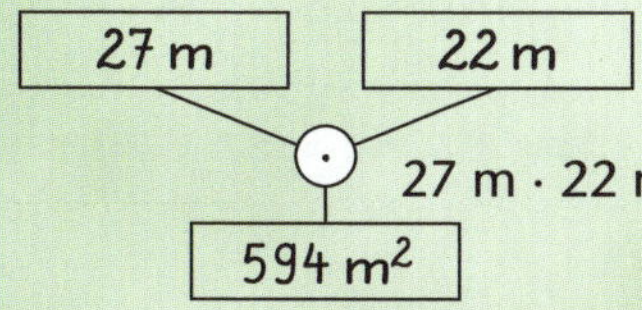

$27\ m \cdot 22\ m = 594\ m^2$

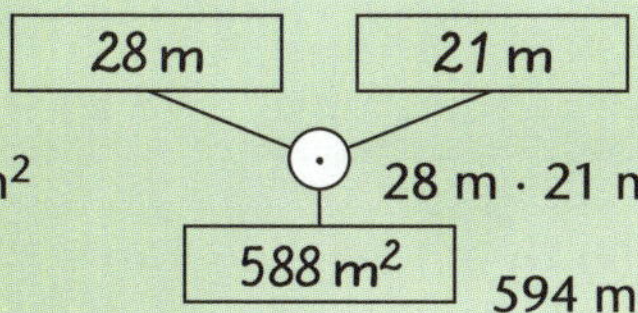

$28\ m \cdot 21\ m = 588\ m^2$

$594\ m^2 > 588\ m^2$

Sie kauft den Bauplatz, der 27 m lang und 22 m breit ist.

Seite 104, Nr. 3

$70\,553\ km^2 - 404\ km^2 = 70\,149\ km^2$

Bayern ist $70\,149\ km^2$ größer als Bremen.

Seite 105, Nr. 1

$0{,}7\ l = 700\ ml$ $350\ ml + 250\ ml + 700\ ml = 1\,300\ ml$ $1\,300\ ml = 1{,}3\ l$

Er trinkt insgesamt 1,3 l.

Seite 105, Nr. 2

$120\ m^3 : 4 = 30\ m^3$ $30\ m^3 = 30\,000\ l$

Jede Person hat durchschnittlich 30 000 l verbraucht.

Seite 105, Nr. 3

$884\,000\ m^3 + 283\ m^3 = 884\,283\ m^3$ $884\,283\ m^3 - 419\ m^3 = 883\,864\ m^3$

Er ist jetzt $883\,864\ m^3$ groß.

Seite 106, Nr. 1

$786\ m^3 - 42{,}7\ m^3 = 828{,}7\ m^3$

Er ist $828{,}7\ m^3$ groß.

Seite 106, Nr. 2

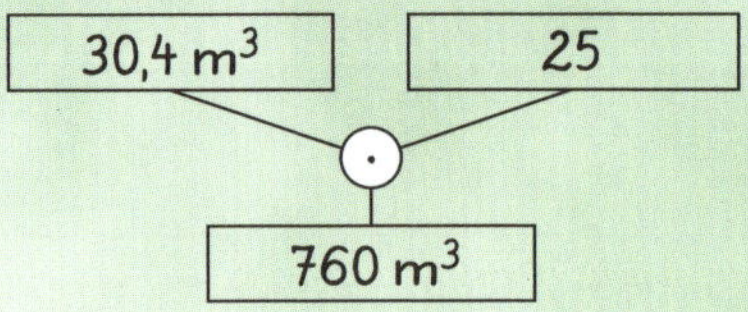

$30{,}4\ m^3 = 30\ m^3\ 400\ dm^3 = 30\,400\ dm^3$

$30\,400\ dm^3 \cdot 25 = 760\,000\ dm^3$

$760\,000\ dm^3 = 760\ m^3$

Der gesamte umbaute Raum ist $760\ m^3$ groß.

Seite 106, Nr. 3

$390\ m^3 : 6\ m^3 = 65$

Er muss 65-mal fahren.

Seite 107, Nr. 1

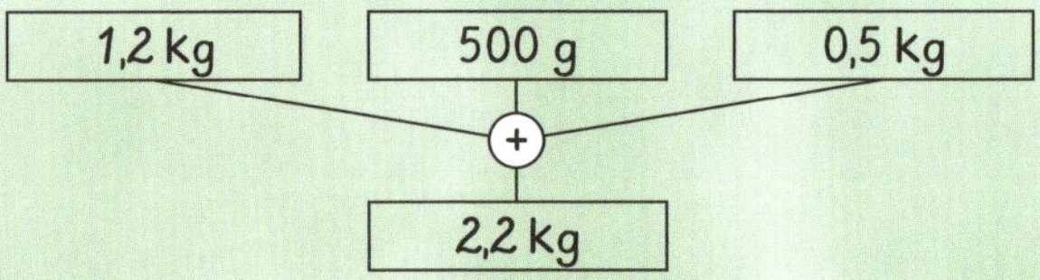

500 g = 0,5 kg

$$\begin{array}{r} 1{,}2\ kg \\ +\ 0{,}5\ kg \\ \underline{+\ 0{,}5\ kg} \\ 2{,}2\ kg \end{array}$$

Die Zutaten wiegen zusammen 2,2 kg.

Seite 107, Nr. 2

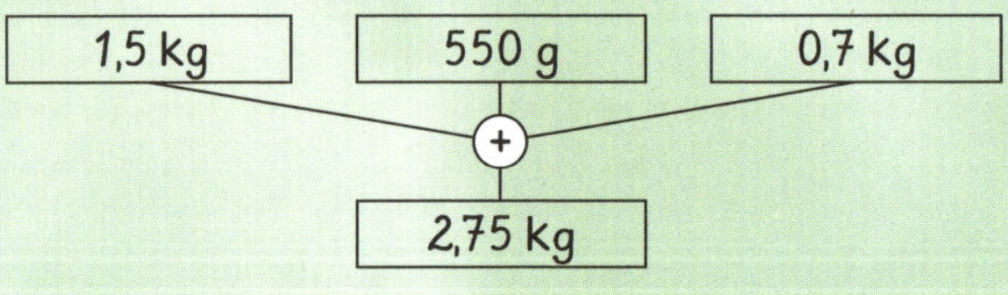

550 g = 0,55 kg

$$\begin{array}{r} 1{,}5\ \ kg \\ +\ 0{,}55\ kg \\ \underline{+\ 0{,}7\ \ kg} \\ 2{,}75\ kg \end{array}$$

Alle Teile wiegen zusammen 2,75 kg.

Seite 107, Nr. 3

1,5 t = 1 500 kg 1 500 kg : 5 kg = 300

Es werden 300 Netze benötigt.